中国城市规划设计研究院
CHINA ACADEMY OF URBAN PLANNING & DESIGN

中国城市规划设计研究院重大项目成果

饮水知源

——饮用水的"黑科技"

林明利 王海波 黎 雷等 著

科学出版社

北 京

内 容 简 介

本书围绕"常见水质问题"和"饮用水关键技术"两部分内容，通过丰富的图示与案例为广大读者普及饮用水安全方面的基本知识并进行专业解读。通过问答的方式，解析"黄水""两虫"等常见水质问题的形成原因，并介绍供水行业针对性的应对措施。同时，展示"水源生态修复""臭氧–活性炭深度处理"等7项关键技术在实际工程中起到的效果，为我国饮用水安全保障工作保驾护航。

图书在版编目（CIP）数据

饮水知源：饮用水的"黑科技"/ 林明利等著. —北京：科学出版社，2022.1

ISBN 978-7-03-070647-8

Ⅰ．①饮…　Ⅱ．①林…　Ⅲ．①饮用水 – 水源保护 – 普及读物　Ⅳ．①X52-49

中国版本图书馆CIP数据核字(2021)第232112号

责任编辑：周　杰 / 责任校对：樊雅琼
责任印制：霍　兵 / 封面设计：王一鸣　无极书装

科 学 出 版 社 出版

北京东黄城根北街16号
邮政编码：100717
http://www.sciencep.com

北京九天鸿程印刷有限责任公司 印刷
科学出版社发行　各地新华书店经销

*

2022年1月第　一　版　开本：720×1000　1/16
2023年12月第三次印刷　印张：7 1/2　插页：1
字数：160 000

定价：58.00元
（如有印装质量问题，我社负责调换）

《饮水知源——饮用水的"黑科技"》编委会

主 编： 林明利 王海波 黎 雷

副主编： 姜立晖 阮辰旼

参编人员：

孙文俊 王明泉 邵 煜 安 伟 潘博伦 张洪刚
郝 天 刘小为 蔡立弘 潘章斌 辛晓东 楚文海
王为东 郭风巧 李化雨 田 川 王伟博 李玉仙
于建伟 周子翀 张元娜 施 凯 马中雨 任俊颖

美 术：

王一鸣 罗 文 吴媛媛

前　言

水是生命之源。打开水龙头，流出清澈透明的饮用水，对于每个人来说再熟悉不过。然而，对于饮用水的来源、生产过程、质量保障，大多数人并不十分清楚。与此同时，人们对饮用水中的嗅味、"黄水"以及烧水之后产生的水垢等现象疑惑不解，对于自来水到底能不能直接喝，持有怀疑态度。这些都反映出社会公众缺少饮用水的相关知识。

事实上，饮用水在进入千家万户之前，要经过一套复杂的工序流程，包括水源的选择与保护、原水的输送、水厂的净化处理、市政管网的输配，以及建筑物内的储存或加压，同时，还需进行全过程的监测预警、应急保障和安全管理。饮用水从来都来之不易。

为保障饮用水安全，2007 年国家启动实施的"水体污染控制与治理科技重大专项"（简称"水专项"），设立了"饮用水安全保障技术研究与示范"主题（简称"饮用水主题"），组织全国数百家科研单位、供水企业和近万名科技工作者，以"政产学研用"相结合的模式，打响了"让老百姓喝上放心水"的科技攻坚战。经过 15 年的艰辛探索和协同攻关，构建了"从源头到龙头"全流程饮用水安全保障技术体系，大幅提升了我国饮用水领域的科技水平。得益于水专项成果，我国饮用水安全保障能力不断增强，城乡供水水质显著改善，老百姓饮水安全得到有效保障。

为了让更多的人正确认识饮用水相关知识，分享我国饮用水领域科技进步新成果，水专项"饮用水安全保障技术体系综合集成与实施战略"课题组织数十位专家、学者和水专项饮用水科技工作者，联合上海《净水技术》杂志社、上海市净水技术学会对最新的饮用水科技进展进行科普设计，历时两年，编著了本书。本书融合了饮用水安全基本知识和最新科技成果，兼顾普适性和专业性的同时，力求全方位地丰富读者的饮用水安全知识，形象地展示水专项饮用水科技成果。

本书分为两部分。第一部分围绕老百姓常见的饮用水水质问题及潜在的水质风险，进行知识普及。通过问答的方式，解析问题成因与风险来源，介绍饮用水安全保障的应对措施。第二部分围绕水专项重要科技成果产出，展现水质净化处理、管网安全输配、供水安全监管等系列科技成果。为了更贴合社会大众的阅读需求，让学术内容更"接地气"，本书对专业知识、科技成果，进行"加工"和"翻译"，通过通俗易懂、生动活泼的图文，努力提高本书的可读性。

本书编撰过程中得到了水专项饮用水主题广大研究人员、专家学者的大力支持，得到了上海市科普作家协会专家的咨询指导，谨向他们表示衷心的感谢！限于编者学识水平和实践经验，书中难免有疏漏、不妥之处，敬请读者批评指正。

林明利

2021 年 8 月

目录

CONTENTS

绪章 P1

常见水质问题篇 P9

P12 水垢

"黄水" P18

P24 藻类

嗅味 P28

P34 氨氮

"两虫" P38

P44 高氯酸盐

农药残留 P50

P54 消毒副产物

饮用水关键技术篇
CONTENTS

P59

水源生态修复　P62
——绿水青山出好水

臭氧－活性炭深度处理技术　P68
——深度处理好帮手

P74　饮用水膜技术
——水厂的小秘密

饮用水消毒技术　P80
——和看不见的病菌说再见

P86　饮用水管网输配系统
——四通八达的"地下水路交通"

水质监测预警　P96
——城市供水"鹰眼"在身边

P102　供水安全监管
——水质安全"警察"伴你行

后记
P108

饮用水"从源头到龙头"生产输配流程

深度处理工艺(部分)

臭氧-活性炭工艺
膜处理工艺

 臭氧加投

生物活性炭池

 膜过滤

① 水源地

预处理

化学预处理
生物预处理
物理预处理

化学预处理-预臭氧

② 水厂

常规处理工艺

混凝
沉淀
过滤
消毒

混凝

沉淀

过滤

消毒

当你享受杯中水之清冽，品味唇齿间之甘甜，可知饮用水经历了怎样的旅程？

供水管道

3 城市管网

4 建筑给水

居民家中

绪 章

水源通常包括地表水水源（江河、湖泊、水库等）和地下水水源。如果将饮用水看作"产品"，水源则是饮用水的重要"原材料"。政府部门和供水企业也会采取法律、工程和技术等手段来保障水源地的水质。

将原水加工成成品的"工厂"就是我们的自来水厂。在水厂中，我们通过预处理、常规处理工艺（混凝、沉淀、过滤、消毒）来确保水质达标。目前越来越多的水厂应用深度处理工艺（臭氧－活性炭工艺、膜工艺等），进一步提升水质和口感。

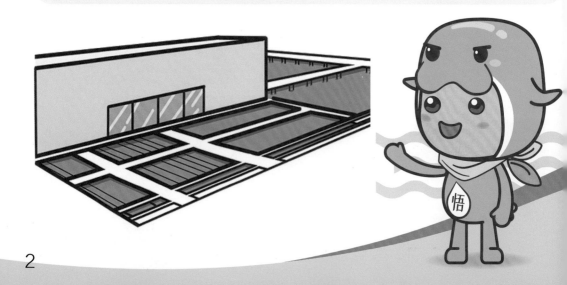

水厂"加工"后的饮用水会进入管网，为了让自来水在"物流系统"中仍能保证优良的品质，一些城市的市政管网中已经引入了实时水质监测系统，能够有效地预警水质变化情况，提醒相关部门排查潜在的管网问题并及时采取应对措施，保障"物流"过程中饮用水的安全。

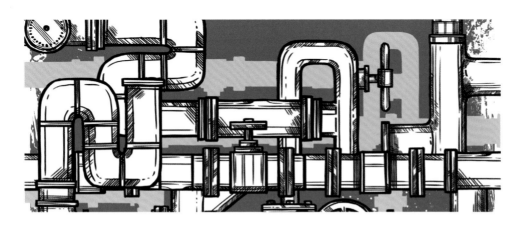

经过"物流系统"的输送，自来水最终进入用户。对于住宅小区，自来水通常还要先通过加压，或输送至高层建筑的屋顶，最终让千家万户使用上安全放心的饮用水。

常见水质问题的解决

水作为大众的"第一食品",从源头到龙头的生产过程并不简单。在温度、环境、工艺等不同因素的作用下,取水、净水、输水、配水乃至用水的每一个环节都有可能出现影响用水体验的问题。

其中有一些问题能够让我们直接感知,比如水龙头流出的"黄水"、自来水中有令人不愉快的气味、烧开的自来水表面有薄薄的一层白色漂浮物等。这些问题是怎么产生的? 会不会对我们的身体产生危害?

还有一些问题,是老百姓一般接触不到的,如藻类、高氯酸盐、农药残留、"两虫"等。绝大多数有害物质都在水厂的处理过程中被净化去除。那么,水厂到底是如何做到的呢?

"瞻山识璞,临川知珠",本书的第一部分将带大家逐一辨识、科学分析这些水质现象(问题),介绍水专项饮用水安全保障是如何应对、解决这些问题的。

饮用水安全保障的技术应对

饮用水水质问题无小事，用 100% 的努力去消除 1% 的隐患，早已成为供水行业的共识。

为进一步提升我国供水水质，水专项研究创新构建了"从源头到龙头"全流程饮用水安全保障技术体系，在太湖流域、京津冀、黄河下游、珠江下游、南水北调沿线等重点区域开展综合示范与推广应用，为破解供水全流程中的技术难题，提供了强有力的支撑，不断提升城乡饮用水安全保障能力。

从"十一五"到"十三五"，项目直接受益人口超过 1 亿，惠及人口 5 亿多，全国城市供水水质抽查达标率由 2009 年的 58.2% 提高到近年的 96% 以上，水专项对解决各类水质问题提供了突破性的技术手段，为党和政府履行"让老百姓喝上放心水"的庄严承诺做出了重要技术贡献。

"科技引领，水质提升"，本书的第二部分将带大家领略水专项饮用水科技的丰硕成果，从科技进步的角度，切实感受供水行业的快速发展。

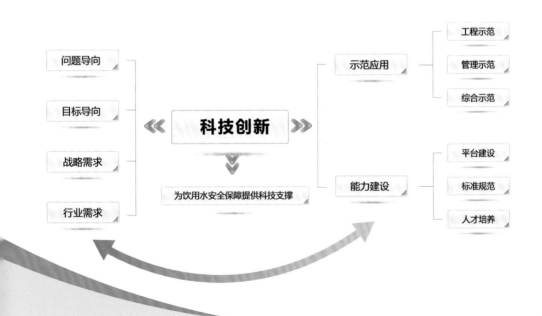

基 本 术 语

生活饮用水：供人生活的饮水和用水。

原水：未经任何处理或用以进行水质处理的待处理水。

水源：给水工程所取用的原水水体。

净水厂（水厂）：对原水进行给水处理并向用户供水的工厂。

给水处理：对原水采用物理、化学、生物等方法改善水质的过程。

预处理：给水常规处理前的处理，或进入膜处理装置前的处理。

预氧化：在混凝前加氧化剂，起助凝作用或去除原水中有机微污染物和臭味的过程。

预臭氧：设置在混凝沉淀或澄清之前的臭氧净水过程。

生物处理：利用生物作用去除水中杂物的过程。

粉末活性炭吸附：投放粉末活性炭吸附溶解性有害物质和改善嗅、味的净水工艺。

常规处理工艺：给水处理中去除浊度和灭活细菌病毒为目的的处理，一般包括混凝、沉淀、过滤、消毒。

混凝：凝聚和絮凝的总称。凝聚是指为了削弱胶体颗粒间的排斥或破坏其亲水性，使颗粒易于相互接触而吸附的过程。絮凝是指水中细小颗粒在外力扰动下相互碰撞、聚结，形成较大絮状颗粒的过程。

沉淀：利用重力沉降作用去除水中悬浮物的过程。

过滤：水流通过具有孔隙的物料层去除水中悬浮物的过程。

气浮池：通过絮凝和浮选，使液体中的杂物分离上浮而去除的构筑物。

消毒：使病原体灭活的过程。

臭氧消毒：将臭氧投入水中的消毒方式。

液氯消毒：液氯气化后加入水中生成次氯酸的消毒方式。

紫外线消毒：利用紫外线光照射灭活致病微生物的消毒方式。

深度处理：常规处理后设置的处理。

臭氧－生物活性炭处理：利用臭氧氧化、颗粒活性炭吸附和生物降解所组成的净水工艺。

注：上述名词解释引自《给水排水工程基本术语标准》（GB/T 50125—2010）和《现代化净水厂技术手册》

常见水质问题篇

—— 水垢

——"黄水"

—— 藻类

—— 嗅味

—— 氨氮

——"两虫"

—— 高氯酸盐

—— 农药残留

—— 消毒副产物

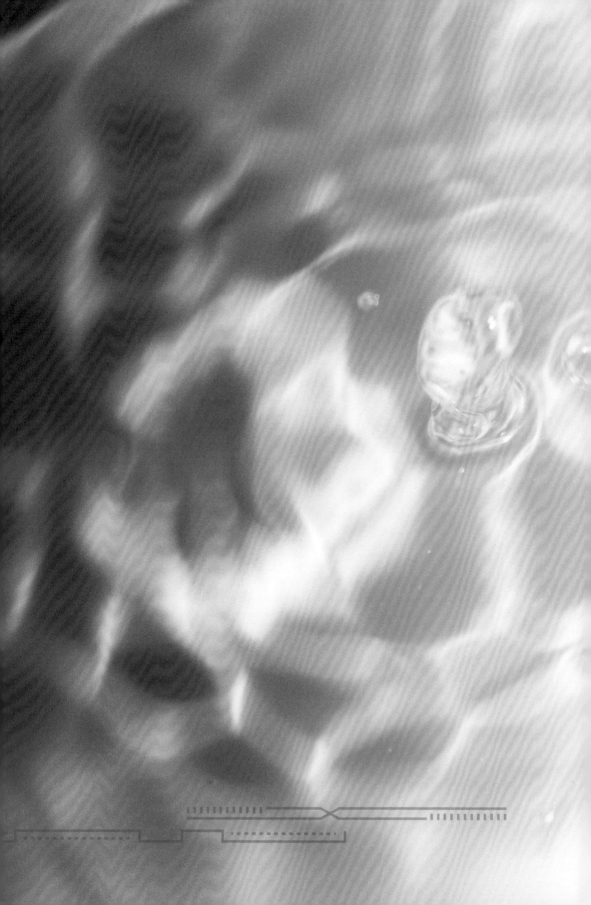

"打开水龙头后，流出来的水是黄色的该怎么办？"

"水壶里有白色的水垢要紧吗？"

"水里有氯味，会影响饮用吗？"

生活中，我们经常会碰见各种各样的水质问题。有些我们看得见、摸得着，而有些则是无声地"潜伏"在水中。有些发生在供水链的前端，需要供水企业和科研人员积极应对，而有些则是与老百姓经常接触，需要在日常生活中予以注意。

这些问题会对我们生活造成哪些影响？会不会对身体有危害呢？本篇我们就来看一下常见的九大水质问题及其应对方式。

水垢

喝烧开的自来水是大多数中国人的习惯。有人经常询问，家中热水壶烧水多年，发现壶底有一层白色的水垢，是否意味着我们自来水有水质问题呢？

为什么会有水垢？

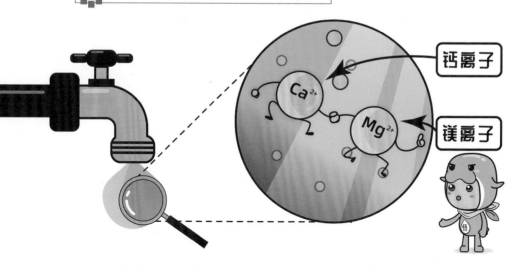

钙离子

镁离子

一般自来水中都含有钙、镁离子。当钙、镁元素呈离子状态时，肉眼观察不到。当水烧开后，原来溶解在水中的化学物质会分解生成二氧化碳、碳酸钙、氢氧化镁、碳酸镁等物质。水垢的主要成分就是碳酸钙和氢氧化镁。所以，**水中含有钙、镁离子越多，水垢就会越多。**

【小知识：硬度的含义】

　　将烧开的自来水放于杯中冷却，有时可以看到一层薄薄的白色漂浮物，这也是水中不稳定状态的碳酸钙、氢氧化镁、碳酸镁。

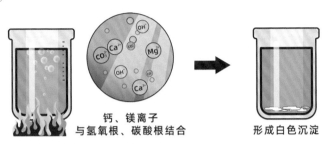

钙、镁离子
与氢氧根、碳酸根结合

形成白色沉淀

　　通常，我们将水中钙、镁离子的总浓度用"硬度"这个指标来衡量，浓度越高，硬度就越高。人们常说的"硬水""软水"，也是通过"硬度"来衡量的。

水垢对人体有害？

我们水垢兄弟
感觉受到了歧视…

Ca²⁺　　Mg²⁺

　　对于壶底的水垢和杯中的白色漂浮物，人们似乎总是戴着"有色眼镜"来看待，认为水垢是"不洁"的象征。其实，水垢一般不会对人体产生影响。一方面，钙、镁离子原本就是人体生存所需的元素；另一方面，我国《生活饮用水卫生标准》中规定了饮用水总硬度（以 $CaCO_3$ 计）的限值为 450 mg/L，饮用该限值以下的自来水不会造成钙、镁离子的过量摄入。

注：mg/L = 毫克 / 升

13

中国饮用水硬度限值	450 mg/L
日本饮用水硬度标准限值	300 mg/L
世界卫生组织(WHO)	100~250 mg/L
美国环保局（EPA）建议	80~100 mg/L
世界主要发达国家饮用水硬度理想值	150~300 mg/L

0 50 100 150 200 250 300 350 400 450 500   硬度/(mg/L)

各国饮用水硬度限值及理想值对比图

补钙还需喝牛奶

　　饮用水中所能补充的钙、镁非常有限。一般情况下，1 L 水中最多含有 450 mg 的碳酸钙，钙含量约为 180 mg，而 1 L 高钙牛奶中一般含有 1200 mg 的钙。牛奶中的钙基本都是有机钙，相较于饮用水更容易被人体吸收。如果想要补充钙质，只依靠喝水是不可行的。

钙、镁是人体所需的必要元素

14

水厂去除和控制水硬度的方法

水厂去除和控制水硬度的方法一般有纳滤法、反渗透法、电渗析法和药剂软化法。近年成功研发了全新的诱导结晶软化除硬技术，可更高效地控制水的硬度。

诱导结晶软化的处理工艺流程为原水—诱导结晶软化单元—过滤单元—清水池—出水。软化单元可采用高效固液分离、流化床等反应形式。

诱晶材料应处于流化状态，选用石英砂等具有一定密度和强度的材料，设置自动排渣系统，定期排出粒径过大的水垢结晶体。软化药剂、混凝剂用量根据水源水质变化情况及出水水质要求进行动态调整。

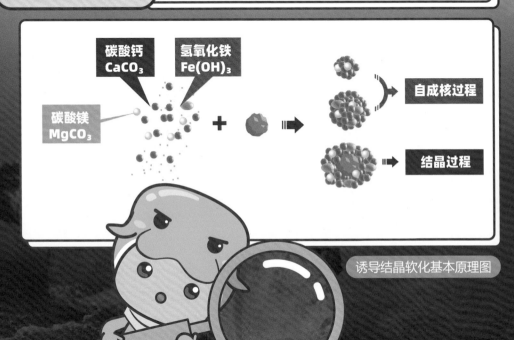

碳酸钙 CaCO₃
氢氧化铁 Fe(OH)₃
碳酸镁 MgCO₃

自成核过程

结晶过程

诱导结晶软化基本原理图

·诱导结晶单元反应器·

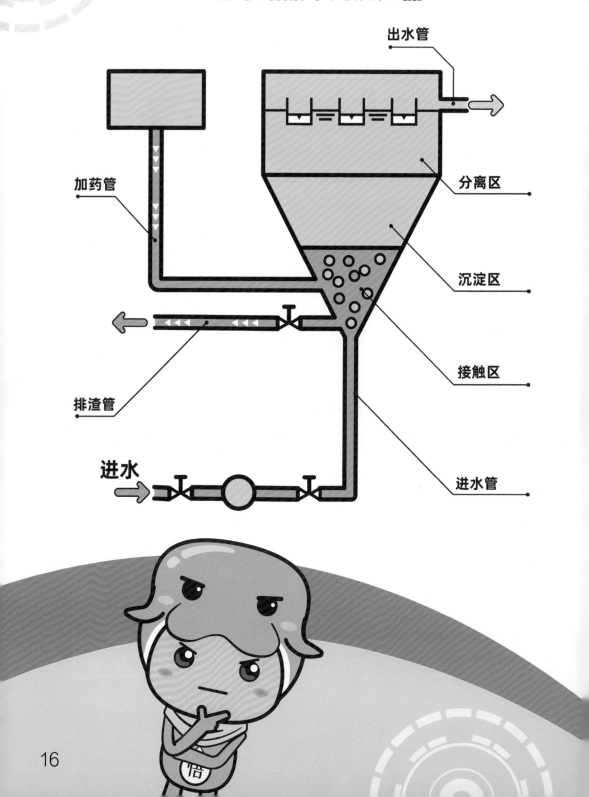

出水管

加药管

分离区

沉淀区

接触区

排渣管

进水管

进水

应用案例

工程项目：山东省济南市平阴县田山水厂地下水硬度去除示范工程，处理规模 3 万 m³/d。

工艺流程：水厂采用原水—跌水曝气池—诱导结晶软化池—砂滤池—清水池—消毒组合工艺。

工程效果：出水水质符合现行饮用水卫生标准要求，出水总硬度稳定在 300 mg/L 左右，浊度在 0.15~0.26 NTU，pH 在 6.6~8.1。

注： 浊度指溶液对光线通过时所产生的阻碍程度，NTU 为浊度的单位

平阴县田山水厂组图

17

"黄水"

合格的饮用水应该是无色无异味、没有肉眼可见物的。但有时我们会发现，水龙头出水浑浊，呈现出黄棕色，我们通常将这样泛黄的自来水称为"黄水"。

饮用水为什么会变成"黄水"？

饮用水输送过程中，由于个别问题管道、水箱或龙头陈旧老化，引发复杂的物理、化学和生物转化过程，使得管道中沉积物、铁锈随水流出，大量的三价铁离子（Fe^{3+}）及其氧化颗粒物出现在水中，水体变为黄色或棕红色。

什么情况下容易产生"黄水"？

通常情况下，输水管网即使腐蚀，铁锈的释放和沉积也处于一种动态平衡的状态，不会产生明显的用水感官变化。但当水源切换或者是管道内的流速、流向和水压等水力条件突然发生变化时，会对管垢形成冲刷作用，导致不稳定的腐蚀层或沉积层脱落释放到管网水体中。 管网水流速放缓或长时间停滞，会使管垢溶解释放 Fe^{2+} 和 Fe^{3+} 进入水体，在水中溶解氧等物质作用下转化为 $Fe(OH)_3$、$\alpha\text{-}FeOOH$ 和 Fe_3O_4 等悬浮颗粒物，使得水体呈现黄色。

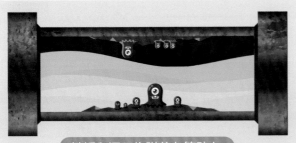

铁锈和沉积物附着在管壁上

水力条件改变，铁锈被冲刷进水中

铁锈在水中不断积累，水变成黄色

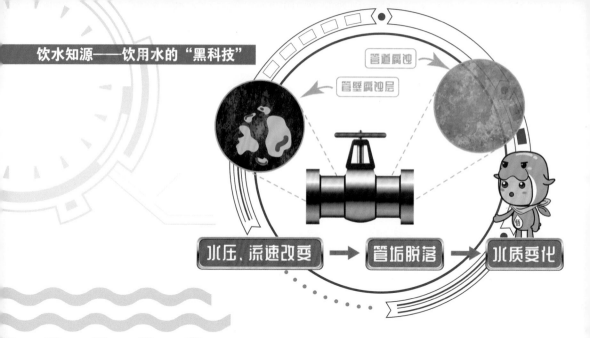

管道腐蚀

管壁腐蚀层

水压、流速改变 → 管垢脱落 → 水质变化

黄水产生的原因

【小知识：铁锈的形成】

　　自来水在管网输配过程中使得金属管道形成无数微腐蚀原电池，其阳极的铁就会被氧化为铁离子，在阴极溶解氧的作用下铁离子转化为 $Fe(OH)_3$，随着腐蚀的不断进行，腐蚀产物会进一步转化为 $\alpha\text{-}FeOOH$ 和 Fe_3O_4 等物质，也就是我们俗称的铁锈，沉积在管道表面形成管垢。

"黄水"对人体有危害吗？

　　铁是人体必需的微量元素，铁本身并不具有毒性，但随着铁锈融入水中，会伴随产生微生物超标的风险，可能对人体造成危害。同时，长时间摄入过量的铁，也会引起铁中毒。若管道受腐蚀程度严重，可能会发生水质经常变黄的情况，这时应请专业人员检查并更换受损管道。

水源切换过程中管网"黄水"敏感区如何识别？

　　我国现役供水管网中无防腐内衬的灰口铸铁管和钢管（包括镀锌钢管）还占有相当大的比例，其管龄大都在 20 年以上，这种管网在面临南水北调等大规模水源切换时发生"黄水"的风险较大。因此，为了对"黄水"敏感区进行识别，研发形成了管垢分析法和管网进水水质分析法。同时，为避免"黄水"现象的发生，对存在风险的区域提出防控措施。

管网"黄水"敏感区识别法

分析方法	指标	限值	结论
管垢分析法	管垢组分中 $Fe_3O_4(M)$ 与 $\alpha\text{-}FeOOH(G)$ 的含量比值	$(M/G)>1$	管网为稳定区域，水源切换时无"黄水"风险
		$0.3<(M/G)<1$	管垢稳定性较差，存在一定风险
		$(M/G)<0.1$	管垢不稳定，发生"黄水"风险高
管网进水水质分析法	管网供水区域 $NO_3^-\text{-}N$ 浓度	<3 mg/L	管垢稳定
		>7 mg/L	管垢稳定性差，存在"黄水"风险

注：管网进水水质分析法，除了硝酸盐还要结合 pH、碱度、氯离子、硫酸根和余氯等指标综合判断

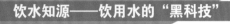

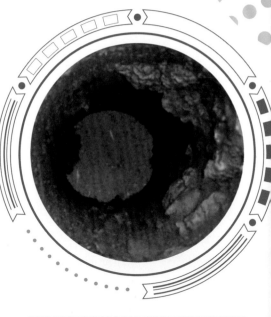

管垢稳定,发生"黄水"风险较低的管道

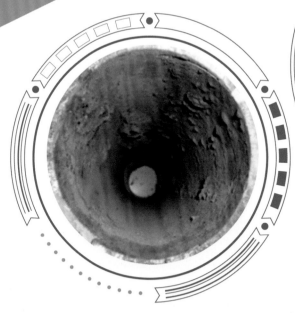

管垢不稳定,发生"黄水"风险较高的管道

如何解决"黄水"问题?

　　以出厂水水质控制为核心的"水厂-管网协同控制技术",通过水源优化调度与调配,可有效保障水源切换过程中管网末端的水质安全。

　　对于管网稳定性非常强的独立区域,如地表水厂供水区域可以一次性切换水源;对于较差的区域,采用当地水和切换水源混合并逐步提高切换水源比例,同时调节管网余氯,最终完成新水源的切换。

其他具体控制措施

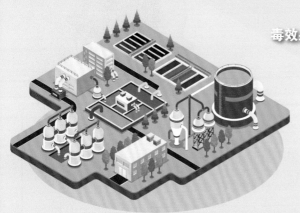

1. 调节饮用水出厂水 pH，增强消毒效果，减少管网进水有机物含量。

2. 保持给水管道内水的经济流速；定期冲洗管道，防止松散沉积物累积。

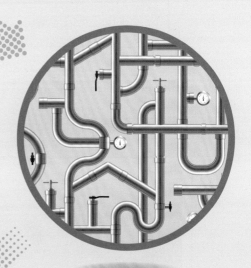

3. 选择抗腐蚀能力强的水箱材料，并定期进行清洗和消毒。

4. 居民家中供水管道可采用不锈钢管、钢塑复合管、聚乙烯管等优质管材。同时，使用抗腐蚀性强的水龙头。

藻类

"问渠那得清如许？为有源头活水来。"水源地水质的保障是提供优质龙头水的前提。为了安全起见，水源地（水库）多建设于相对封闭的河流、湖泊区域。这就存在水动力条件差、水力停留时间长的情况，气温较高时容易出现藻类过度繁殖，对水源地水质保障提出了严峻考验。

什么是藻类？

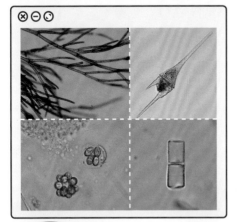

藻类

藻类是一种具有叶绿素、能进行光合作用、无根茎叶的分化、无维管束、无胚的叶状体生物。目前已知的藻类有 3 万种左右，个体差异极大，如小球藻只有 3~4 μm，而有的巨藻可以长达几十米。

绝大部分藻类为水生，适应性较强，种类繁多，分布极广。它们不仅能生长在江河湖海之中，也能生长在短暂积水或潮湿的地方。蓝藻是绝大多数富营养化淡水水体中的优势藻类。藻类大量生长不仅严重影响生态环境，破坏水体生态平衡，还会威胁到人类健康。

注：μm= 微米

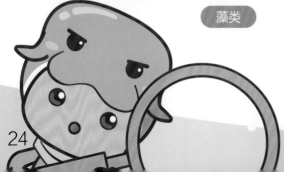

藻类过度繁殖会产生什么现象？

水中若含有过量的氮和磷等元素，加上一定的光照和适宜的温度，藻类等浮游生物就可能大量增殖。在海水中，藻类暴发一般呈红色，这一现象称为**赤潮**；而在淡水中，也通常是水源地中，藻类暴发的水体往往呈现蓝色或绿色，被称作**水华**。

赤潮

水华

藻类会给生态系统和饮用水安全带来哪些危害？

生态失衡

①

蓝藻水华发生时，会在水面形成一层"绿色浮渣"，阻碍阳光和氧气传导。蓝藻死亡后，会加剧水中的氧气消耗，导致鱼类大量死亡，影响水质。

产生藻毒素

②

藻毒素是蓝藻在生长代谢过程中释放的污染物，主要包括肝毒素、神经毒素和内毒素。若进入人体，轻则引起腹泻和神经麻痹，重则有中毒甚至死亡的危险。

产生嗅味物质

③

嗅味会严重降低饮用水感官接受度。目前可检测出几十种由藻类直接或间接产生的嗅味物质。

产生其他藻类代谢物

④

藻细胞代谢过程中会分泌蛋白质、氨基酸或其他有机物，这类物质会影响水处理效率。

水厂如何应对？

一 ● 预处理工艺环节

通常采用**预氧化**等预处理手段，灭活藻细胞，去除部分藻类代谢物。

二 ● 强化常规处理工艺环节

一般的混凝技术对于除藻的效果并不明显，通常会采用气浮、强化混凝沉淀工艺。

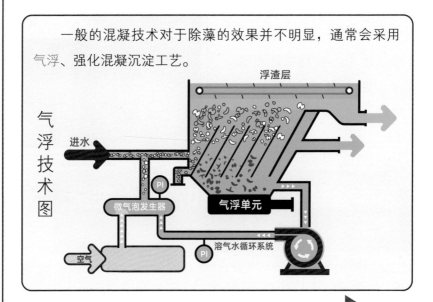

气浮技术图

【小知识：气浮技术】

气浮技术是在水中产生大量细微气泡，细微气泡与水中小悬浮粒子相黏附，悬浮粒子随气泡一起浮升到水面，从而使水中悬浮物得以分离。在除藻方面，气浮法的效率比沉淀法高。

三 · 深度处理工艺

通常采用膜技术、臭氧－生物活性炭等手段，用于去除难处理的小分子藻类代谢物。特别是纳滤膜，可以有效去除细胞外溶解性的藻毒素和嗅味物质。

高藻湖泊水源水处理应用案例

2007 年，太湖蓝藻导致饮用水恶臭问题，由于当时处理技术和应急能力较弱，只好采取停水措施。随着水处理能力不断提高，水厂相继采用了生物预处理—臭氧－活性炭—超滤膜等净化处理工艺，当 2017 年太湖蓝藻水华暴发时（规模比 2007 年更大），水厂不但没有停水，**而且太湖沿线各城市饮用水水质均能稳定达标，龙头水无嗅无味。**相关技术不仅解决了老百姓关心的藻类和嗅味问题，还在全流域推广应用，实现了环太湖城市饮用水深度处理全覆盖。

1 太湖南泉水源 ▶▶ 2 生物预处理 ▶▶ 3 臭氧－活性炭处理 ▶▶ 4 超滤膜净化

嗅味

什么是嗅味？

饮用水嗅味，是指人的感觉器官（鼻、口和舌）所感知的异常或令人反感的气味，通常包括味觉异味和嗅觉异味两类，是人们判断饮用水质量和安全性的主要依据。

由于人的嗅觉非常灵敏，水中浓度很低的致嗅物质也可被闻到。

对于饮用水中嗅味一般分为 8 类，通常可参考以下类别：

1. 土霉味

2. 氯味、臭氧味

3. 草味

4. 腐败味

5. 芳香味

6. 鱼腥味

7. 药味

8. 化学品味

饮用水嗅味从哪里来？

　　水中存在很多致嗅物质，这些物质混合在一起，形成复杂的嗅味问题。致嗅物质存在于水源、水厂和供水管网等各个环节，它们不仅影响饮用水的可接受度，还存在一定的健康危害。

　　水源：季节性藻类暴发或受到外来污染时，会产生相应嗅味，如土霉味、鱼腥味、草味等。

　　水厂：消毒过程中产生的一些消毒副产物属于致嗅物质，当水中含有酚类等有机物时，加氯后会产生强烈的氯酚臭。此外，臭氧氧化过程中会生成醛类物质，这些物质较高浓度下往往具有芳香味、化学品味及鱼腥味等异味。

　　供水管网：一些老旧输水管道或不合格管材的使用，会导致有机物或矿物质的溶出或与管网中残留的消毒剂发生化学反应，从而产生一些嗅味问题。

水厂

水源

嗅味产生的环节

供水管网

为什么不同的季节会闻到不一样的嗅味？

一般来说，不同的季节饮用水可能呈现不一样的嗅味，主要原因之一是水源水体中产嗅藻类生长存在季节性差异。不同藻类产生嗅味的种类不同，总体上与藻类相关的嗅味可归纳为 4 类。

藻类产生嗅味的种类

藻种	条件	味道
硅藻、鞭毛藻	在较低藻细胞浓度下	芳香味
硅藻、隐藻以及金藻	在低温期	鱼腥味
绿藻、少部分硅藻及蓝藻	/	草味
蓝藻	/	土霉味

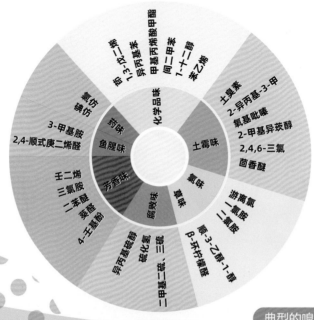

典型的嗅味物质

嗅味的控制与应对

　　由于饮用水中的嗅味物质都是微量甚至痕量水平，而且经常是很多种嗅味物质混合在一起，导致常规方法（比如闻测）很难准确识别出水体中是哪些物质引起的嗅味。

　　相关研究开发出了基于感官闻测与色谱分析同步的嗅味物质识别方法，能够对上百种嗅味物质进行定性和定量鉴定。

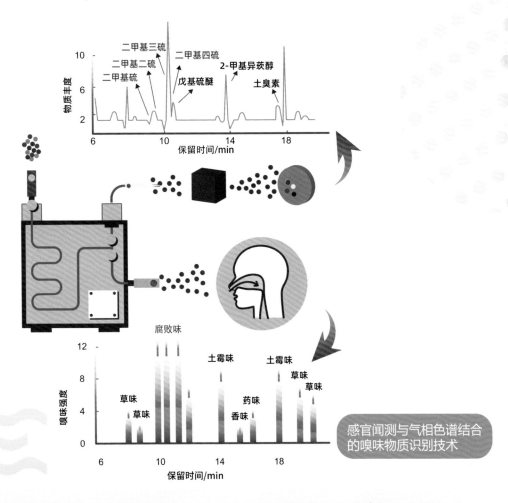

感官闻测与气相色谱结合的嗅味物质识别技术

　　识别出不同类型的嗅味物质后，就可以对具有不同特征的嗅味物质采取针对性控制技术。

水源调控-水厂处理的多级屏障技术策略

三类特征嗅味问题：
- 土霉味
- 腐败味
- 鱼腥味

- **水源调控**

  典型产嗅藻产嗅特征

  土霉味产嗅藻的原位调控技术策略

- **厂内控制技术**

  典型嗅味物质的可处理性

  适用性评价和优化

  典型嗅味问题的处理技术方案

很多嗅味是水体中的一些丝状蓝藻代谢过程中产生的，可以通过调控这些产嗅藻的生长过程来降低嗅味在原水中的发生风险。

常规净水工艺对各种嗅味物质的去除效果甚微，叠加活性炭吸附和臭氧氧化技术等更为有效。

化学氧化主要是利用氧化剂的氧化能力实现对目标污染物的去除，也是嗅味控制中常用的一种技术。

活性炭是净水过程中最为常用的一种吸附剂，在嗅味控制的实际应用中往往成为首选，且已得到广泛应用。

臭氧-生物活性炭处理也是目前控制嗅味的高效组合工艺之一。

典型案例

2007 年以前，上海某水厂原水存在季节性土霉味和长期腐败味、鱼腥味共存的复杂嗅味问题，同时原水氨氮、有机物含量较高，确定的主要嗅味物质达到 18 种之多。针对上述问题，水厂采用了以臭氧 – 生物活性炭为核心的深度处理工艺。

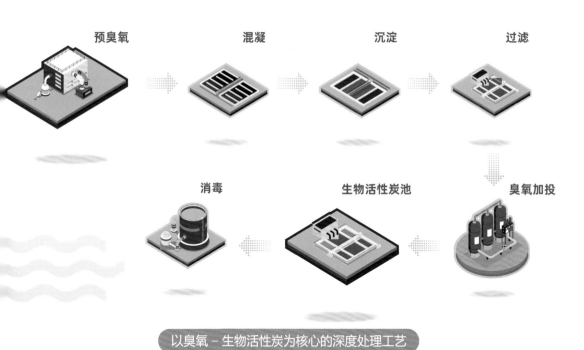

预臭氧　混凝　沉淀　过滤

消毒　生物活性炭池　臭氧加投

以臭氧 – 生物活性炭为核心的深度处理工艺

该水厂采用预臭氧（0.5~1.0 mg/L）与主臭氧（0.5~1.0 mg/L）同时投加的方式运行。长期运行结果显示，出厂水中土霉味和腐败味得到有效控制，实现嗅味稳定达标；18 种典型嗅味物质均降低到其嗅阈值以下，得到有效去除。

氨氮

"氨氮"是水中常见氮化物的一种。

水中常见的氮化物分为**有机氮**和**无机氮**。有机氮主要有蛋白类物质、尿素、胺类物质和硝基有机物;无机氮则主要分为氨、硝酸盐、亚硝酸盐和叠氮化合物。这无机氮中的"氨",它的大名就是"氨氮"(NH_3-N)了。

水体里的氮循环

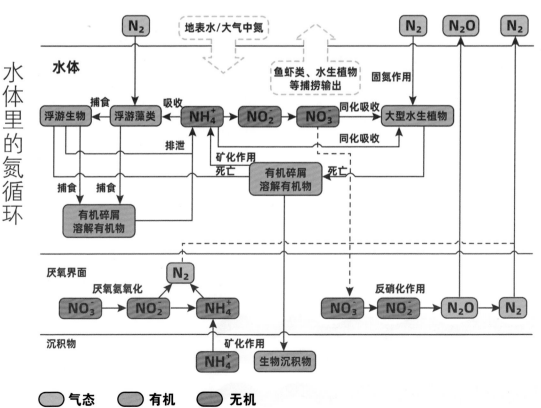

34

氨氮从何而来，如何进入水中？

目前，水体中的氨氮主要有三个来源。分别是：

1. 生活污水中含氮有机物的分解；

2. 工业废水和农田污水中的氨氮排放；

3. 无氧环境下亚硝酸盐的还原。

通过这三种途径生成的氨氮，随着水流进入城市水源，从而影响到生活用水。

生活污水

农田污水

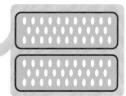

亚硝酸盐 —— 厌氧 → 氨氮

氨氮会对人体健康产生危害吗？

氨氮容易在微生物或氧化剂的作用下转化为亚硝酸盐（致癌物质），氨氮与消毒剂反应则会产生嗅味物质——这时，它对饮用水水质乃至人体健康的影响就显现出来了。

[小知识：氨氮的限值]

我国《地表水环境质量标准》（GB 3838—2002）要求饮用水水源（Ⅲ类）中的氨氮不超过 1.0 mg/L。《生活饮用水卫生标准》（GB 5749—2006）则要求饮用水中氨氮（以 N 计）不超过 0.5 mg/L。

饮用水中的氨氮如何去除？

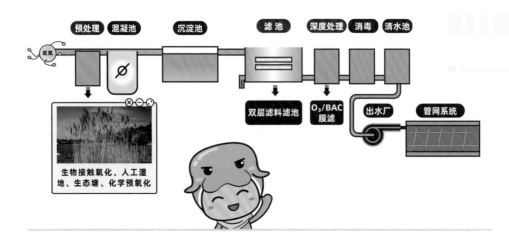

氨氮通过水源进入到饮用水系统中，我们通常采用一系列物理、化学和生物方法对其进行去除。其中，物理法的去除原理是吸附、孔径筛分；化学法的去除原理是通过氧化进行去除；生物法的去除原理则是硝化或反硝化作用。

接下来给大家介绍的是氨氮去除工艺的典型案例——嘉兴水源湿地净化和水厂处理。

我国南方平原河网地区水源呈现典型的氨氮和有机物污染特征。例如，嘉兴河网水源高峰时期氨氮含量曾达到 4 mg/L。该水源水经过湿地净化和水厂强化工艺处理后，进入城市管网的水中氨氮浓度小于 0.2 mg/L。

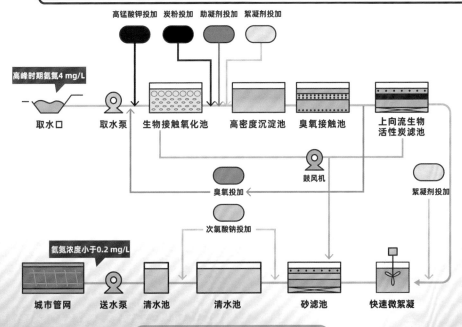

贯泾港水厂一期工艺流程示意图

对于氨氮污染严重的水源，应通过水源湿地净化和水厂工艺多级屏障来保障处理出水水质。水厂处理工艺除常规工艺外，需要增加生物预氧化和臭氧－生物活性炭深度处理单元。对于氨氮轻度污染或季节性污染的水源，可将水厂原有的砂滤池改造为活性炭、石英砂双层滤料滤池，通过活性炭的吸附作用和强化滤层中微生物的生物降解作用，提高对氨氮的去除效果。

"两虫"

夏天天气炎热，小朋友喜欢在河道、湖泊里游泳，这其实存在感染"两虫"的风险。历史上，欧美一些国家曾暴发过"两虫"水污染事件，造成了不小的社会影响。

什么是"两虫"？

饮用水中的"两虫"是指隐孢子虫与贾第鞭毛虫。

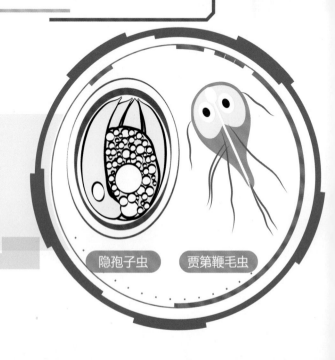

隐孢子虫　　贾第鞭毛虫

隐孢子虫是一种小型原生动物寄生虫，直径 3~6 μm（相当于一块普通橡皮的两万分之一），可存在于人类、鸟类、爬行动物和鱼类等动物体内。

贾第鞭毛虫直径 8~14 μm，比隐孢子虫略大，多寄生在消化道区域，由于包裹在被称为孢囊或卵囊的硬壳中，使得它们能够在肠道内存活数月。

因为二者有相似的尺寸、传播途径、感染症状，而且有时会同时被检测到，因此常合称"两虫"。

"两虫"的主要传播方式

人们感染"两虫"最主要的途径是直接或间接接触感染"两虫"的牛、羊等哺乳动物的粪便排泄物。已有数据表明，"两虫"主要是通过水体进行传播，也叫"水介传播"。所以，这引起了世界各国水务工作者的高度重视。

2 污染了卵囊的食物与水源

隐孢子虫传播方式

1 宿主排出孢子化卵囊

3 感染"两虫"

【小知识："两虫"感染事件】

· 1993 年，密尔沃基市暴发了大规模的"两虫"感染事件，约有 40 万人被感染，其中 160 人直接死亡。

· 1998 年夏天，悉尼自来水公司在管网中检出了高浓度的孢囊和卵囊，当地政府要求将水煮沸后饮用，感染事件长达 30 多天。

· 2007 年 11 月到 2009 年 12 月，某市医院监测到腹泻儿童有 51%(38/74) 检出隐孢子虫，远高于其他医院 0.6%~2.3% 的感染率，表明局部出现大范围隐孢子虫感染。

"两虫"对人体有什么影响?

"两虫"急性感染最突出的症状是持续性腹泻，情况严重时可能出现发烧，甚至死亡等现象。长期感染可能会引起胆囊炎、肠梗阻、肝脏炎症等并发症的出现。

如何检测"两虫"？

　　"两虫"的检测方法为密度梯度离心分离或免疫磁分离荧光抗体法。

　　实验室通过过滤采样、密度梯度离心分离或淘洗浓缩、免疫荧光染色等工序，使得我们能够在显微镜下捕捉到"两虫"的孢囊和卵囊。

　　密度梯度离心分离方法可以大幅降低检测成本，已被纳入我国国家标准和行业标准。基于该方法，研究人员对国内重点流域"两虫"污染进行了近十年的水源调查，发现我国 45% 以上的地表水源都可以检出"两虫"，并进行了人群风险定量评估，为水厂进一步控制和去除"两虫"打下了坚实的基础，以便更好地防控末端风险。

如何有效控制和去除"两虫"？

　　针对"两虫"的去除，目前自来水厂的处理工艺中较为行之有效的是以下几种：强化絮凝沉淀、膜过滤、紫外线消毒、氯消毒等。

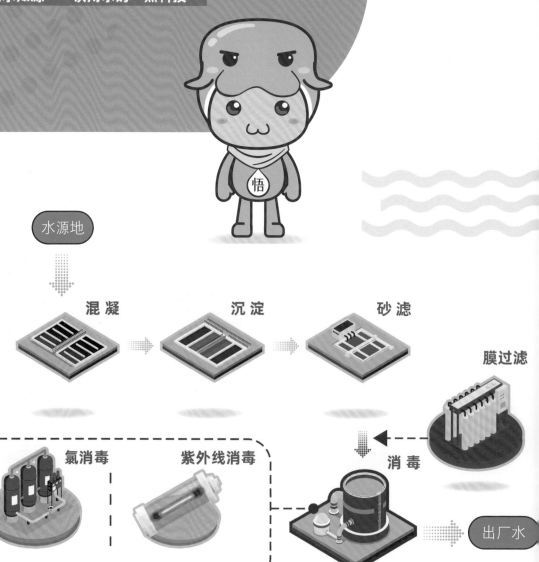

水源地

混凝 → 沉淀 → 砂滤

膜过滤

氯消毒　　紫外线消毒

消毒

出厂水

【小知识："两虫"控制参数】

　　我国在《生活饮用水卫生标准》(GB 5749—2006)中规定，生活饮用水中"两虫"浓度限值均要小于 1 个/10L。但基于世界卫生组织推荐风险值，建议原水"两虫"不超过 1 个孢囊(卵囊)/20L。因"两虫"检测成本非常高，连续直接监测经济负担过重，建议对长期达标的水质逐渐减少抽检频率；考虑到"两虫"在水体中以颗粒形态存在，因此可以监测颗粒物的去除率来检测"两虫"的去除效果，对于检出超标原水，考虑我国工艺和地域差异，建议控制出水浊度不超过 0.3 NTU。

高氯酸盐

小时候过春节，我们总喜欢在院子里放鞭炮和烟花，空气中浓浓的火药味仿佛就是过年的味道。但烟花多以高氯酸盐作为重要的爆炸原料，燃放时伴有未完全反应的高氯酸盐释放，其不仅对环境造成污染，也会对生物体的健康造成危害，进入水体之后还会对水质产生直接影响。因此在饮用水的监测中，需着重注意高氯酸盐！

高氯酸盐来自哪里？

环境中的高氯酸盐主要来自人工合成。其作为氧化剂在烟火制造、军火工业、航天航空等领域广泛应用，作为添加剂也在润滑油、织物固定剂、电镀液等产品的生产过程中使用。

【小知识：高氯酸盐】

高氯酸盐（ClO_4^-）是包含高氯酸镁、高氯酸钾、高氯酸铵、高氯酸钠和高氯酸锂的一类含氯强氧化性难降解盐类的统称，在水中很容易溶解并扩散开来，其中高氯酸铵的产量最大。

高氯酸盐对人体的危害

高氯酸盐对人体健康的影响主要集中在甲状腺功能上。碘是合成甲状腺激素的主要原料，由于高氯酸盐中的高氯酸根与碘离子性质非常相近，进入人体后会与碘离子竞争转运蛋白，使甲状腺对碘的吸收减少，从而导致甲状腺激素合成量下降，影响甲状腺的正常功能、代谢和发育，严重时可诱发甲状腺癌。

　　高氯酸盐过量摄入可导致碘缺乏，对婴幼儿的影响尤为严重，轻则出现学习障碍、多动症、弱智等症状，重则促使脑瘫或死亡。另外，高氯酸盐在人体组织中存在迁移和累积的情况，甚至可以通过脐带传递给下一代。

地方性甲状腺肿病人

同龄的正常人
与地方性克汀病病人

【小知识：什么是火星水？】

　　2015 年 9 月 28 日，美国国家航空航天局（NASA）发布消息称，在火星上首次发现了"液态水"。专家指出，这种"火星水"其实是一种高浓度卤水，含有高氯酸盐。科学家们正在尝试利用"卤水"来探索未来在火星土壤上种植植物。相关的太空净化水技术、海水淡化技术等都在加紧研究，未来可以应用在火星水的处理和循环使用上。

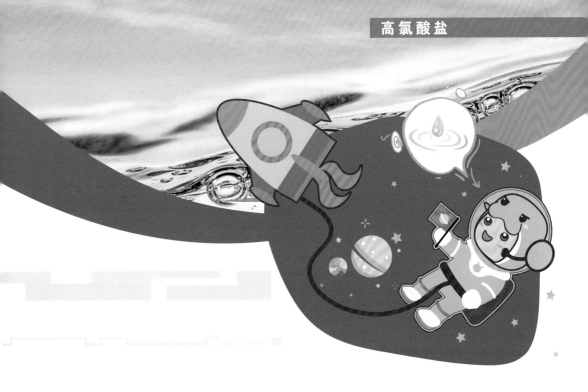

如何检测水中的高氯酸盐？

　　高氯酸盐的分析检测是进行其他相关研究的基础。1997 年之前，主要通过高氯酸根离子与有机染料大分子物质反应，测定生成产物来确定样品中高氯酸盐的含量。随着先进仪器及自控技术的运用，检测技术也越来越先进。高效色谱分离技术的发展，特别是如抑制电导、离子色谱 – 串联质谱和高效液相色谱 – 串联质谱等 – 系列高灵敏度检测技术的发展，使得分析检测更加准确高效。

如何去除水中的高氯酸盐？

近年来，人们对于高氯酸盐污染的修复技术，尤其是饮用水中高氯酸盐的去除技术，进行了大量的研究。归纳起来，高氯酸盐环境的处理技术分为物理处理技术、化学处理技术和生物处理技术。

较常见的去除方法为活性炭吸附、膜过滤技术、离子交换、化学还原、电化学还原、微生物法等，一般用于含高氯酸盐的水处理。

目前水厂工艺难以有效去除水中的高氯酸盐，需要通过制订严格的废水排放标准控制高氯酸盐排放，加强水源地污染防控和保护，保证水源水中高氯酸盐浓度控制在 0.07 mg/L 以下。

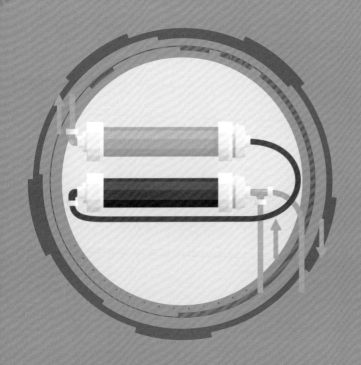

高氯酸盐的溶解性很强，通常无法采用活性炭直接吸附去除，因而多采用膜处理或者离子交换技术。但活性炭可以作为微生物的载体，加速微生物的高氯酸盐去除。

【小知识：饮用水中高氯酸盐的标准限值】

我国《生活饮用水卫生标准》（2021 年征求意见稿）中增加了高氯酸盐限值，达标的出厂水不能超过 0.07 mg/L，这与世界卫生组织的相关标准限值一致。同时，为应对高氯酸盐问题，研究人员对全国重点流域高氯酸盐污染情况进行了大规模水质调查，分析了我国人群饮用水途径高氯酸盐的贡献率和健康风险，发现饮用水途径贡献率很大，并根据我国实际暴露特点推导出饮用水安全基准值，为进一步提高水质、防控风险起到了积极作用。

农药残留

农药是现代农业生产中不可缺少的一种化学制剂，在防治病虫害、保护农作物中发挥了重要作用。然而，农药使用的同时也会对生态环境造成污染。使用过程中残留的农药会对人类健康造成危害。因此，饮用水中残留农药的去除是自来水厂的重要任务之一。

原水中为什么会有农药残留？

水体中的农药残留主要来源于直接向水体施药、农田施用的农药随雨水或灌溉水向水体的迁移、农药生产加工企业废水的排放、大气中的残留农药随降雨进入水体、农药使用过程中的雾滴或粉粒飘移沉降至水体以及施药器械的清洗等途径。

原水中农药残留的主要来源有 4 种：

1. 农药生产行业排放不当，导致含农药废水进入水体；

2. 对作物进行农药喷洒时，少部分农药在喷洒过程中随空气飘移至农田附近的河流、湖泊等水体，造成农药残留；

3. 农药施用后，残留在作物上和土壤中的农药通过雨水冲刷、灌溉等途径进入水体；

4. 土壤中的残存农药通过渗入、溶解等方式进入地下水体。

农药残留会带来哪些危害？

饮用水水源受到农药污染，会导致人畜中毒、患病等。短期摄入含有残留高浓度高毒农药的食品或饮用水，会导致急性中毒；长期摄入低浓度但超标的农药残留的食品或饮用水，虽不会导致急性中毒，但长期蓄积可能引起慢性中毒，包括诱发癌症，导致生殖系统以及肝、脑和身体其他部位的损害。饮用水中农药的浓度只要在规定范围内，水质安全性就有保证。

农药的检测和标准

　　饮用水中的农药多使用色谱法进行检测。不同类型的农药，检测方法不同，具体检测方法可参考《生活饮用水标准检验方法 农药指标》（GB/T 5750.9—2006）。国内及国际饮用水中农药限值如下表所示。

中美饮用水中农药含量限值对比（节选）（单位：mg/L）		
标准	**中国国标**	**美国**
七氯	0.0004	0.0004
五氯酚	0.009	0.001
六六六（总量）	0.005	0.005
六氯苯	0.001	0.001
呋喃丹	0.007	0.04
林丹	0.002	0.0002
2,4-滴	0.03	0.07

　　对比世界各国饮用水中农药标准限值，全球的农药管理分为总量管理和分项管理两大类。总量管理是以所有农药的加和进行总量控制，分项管理是选择不同的农药逐个制定标准进行管理。欧盟（所有农药累加浓度不超过0.0005 mg/L）和日本采用总量管理，其他国家则以分项管理为主。我国与美国对饮用水中农药管控方法类似。我国《生活饮用水卫生标准》（2021年征求意见稿）采用水专项持续三个"五年规划"的全国水质普查结果，水质标准符合我国污染特点。

　　虽然农药在我国部分水体中检出率较高，但经水厂工艺去除后的饮用水，其农药浓度远低于我国饮用水卫生标准限值，健康风险处于可忽略水平，居民可放心使用。

供水系统如何去除农药残留？

对于原水中的农药残留，自来水厂通常使用粉末活性炭（粉炭）去除。因为活性炭气孔组织具有很强的吸附能力，吸附之后通过絮凝、沉淀或过滤将其去除。

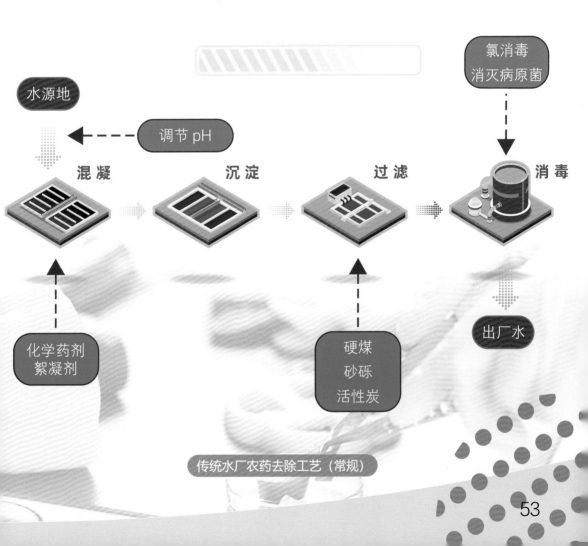

水源地

调节 pH

混凝　　　　沉淀　　　　过滤　　　　消毒

氯消毒
消灭病原菌

化学药剂
絮凝剂

硬煤
砂砾
活性炭

出厂水

传统水厂农药去除工艺（常规）

消毒副产物

为了灭活饮用水中的病原体，化学氧化消毒技术被应用于饮用水处理。消毒技术的出现大幅提升了饮用水水质，显著降低了霍乱、伤寒、痢疾等水介传染病的发病率，使全球数以亿计的人们可以获取安全可靠的饮用水，消毒技术也被誉为 20 世纪最重要的公共卫生发明之一。消毒一方面灭活了致病微生物，保障了饮用水生物安全性；另一方面又生成了具有潜在健康风险的消毒副产物，增加了化学风险。所以，如何在灭活微生物与控制消毒副产物两者之间找到平衡点是科研人员的研究重点之一。

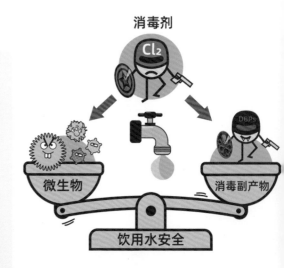

什么是消毒副产物?

饮用水消毒副产物（DBPs）是使用化学消毒剂杀死水中有害病原体的一种非预期产物。消毒副产物主要是消毒剂与水中存在的天然有机物、溴化物、碘化物以及人为污染物等前体物反应生成的。含氯消毒剂（如氯、氯胺）是目前水处理过程中使用最为普遍的消毒剂。

前体物：天然有机物、溴化物、碘化物以及人为污染物

前体物　　　　　　消毒剂　　　　　　消毒副产物

消毒副产物有哪些？

　　自 1974 年荷兰化学家 Rook 在氯消毒饮用水中首次识别出三氯甲烷以来，目前饮用水中被识别的消毒副产物已有 900 余种，而这也只是我们所能确定种类的冰山一角。**但是绝大多数的消毒副产物浓度很低，不会对人体造成健康影响。**

　　我国各流域不同水源水质特征下的长期调研结果表明，我们需要关注和控制的应是浓度较高的卤乙酸 (HAAs)、三卤甲烷 (THMs) 等几类**含碳消毒副产物**和卤乙腈等**含氮消毒副产物**。这些消毒副产物往往具有相似的分子结构，即在 α 碳位上有一个取代基和在其他位点上各有一个卤素原子，故也被称为 CX_3R 型消毒副产物。

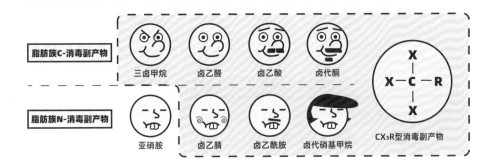

脂肪族C-消毒副产物：三卤甲烷　卤乙醛　卤乙酸　卤代酮

脂肪族N-消毒副产物：亚硝胺　卤乙腈　卤乙酰胺　卤代硝基甲烷

CX_3R型消毒副产物

目前，各地水司和水厂已将这些消毒副产物作为重要的水质指标进行检测。

水厂和家庭怎么应对消毒副产物？

随着饮用水安全保障多级屏障工程技术的不断丰富与完善，众多水厂通过**源头控制**和**过程控制**途径有效降低了出厂水中消毒副产物的浓度水平。

（1）源头控制

利用水厂预处理、常规处理、深度处理工艺等去除消毒副产物前体物。在保证水质达标的前提下，尽量减少化学药剂及材料的使用。

（2）过程控制

通过改变消毒方式、优化消毒工艺等来减少消毒副产物的生成。不同地区的水厂还根据实际水源水质特征和季节变化，综合考虑水厂工艺运行状况和管理模式。

源头控制

水源地保护
水源地修复
原水预处理
处理工艺运行
药剂材料使用

过程控制

使用替代消毒剂
使用组合消毒工艺
优化消毒剂投加位置
优化消毒剂投加方式

末端控制

膜滤法
吸附法
加热法
氧化降解
还原脱卤

57

（3）末端控制

对于一些存在二次供水设施老化情况的社区，可以进一步采取末端控制的方法，将水烧开的方式也可以去除三卤甲烷等挥发性的消毒副产物。

未来消毒副产物综合控制技术的发展

如今，随着水厂运行管理自动化水平的提升、水处理工艺流程的升级改造、市政管网的更新和冲洗，我国饮用水基本全面实现了从出厂水到龙头水消毒副产物浓度的稳定达标。

在消毒副产物控制层面，今后将聚焦于水源保护和技术提升，构建消毒副产物的厂前、厂内、厂后控制体系，以期实现消毒副产物的综合控制，进一步提升饮用水水质和保障饮用水安全。

饮用水关键技术篇

——水源生态修复

——臭氧－活性炭深度处理技术

——饮用水膜技术

——饮用水消毒技术

——饮用水管网输配系统

——水质监测预警

——供水安全监管

针对我国供水系统存在的问题和风险，面向国家战略和行业需求，饮用水领域科研人员通过科技创新和能力建设，**构建了"从源头到龙头"全流程的饮用水安全保障技术体系**。

你可能会问，到底什么是饮用水安全保障技术体系？

技术体系通常指为特定目标服务且有内在逻辑关系的"技术集群"。在饮用水安全保障技术领域，技术体系是以关键技术为核心、以集成技术和（或）组合工艺为依托的"技术集群"。

饮用水安全保障技术体系是一个有机的整体，其总体功能是为应对系统风险、保障饮用水安全、提供体系化的技术支撑。饮用水安全保障技术体系可细分为三个技术系统。

"从源头到龙头"多级屏障工程技术系统，涵盖水源保护、水厂净化、管网输配、二次供水等各重要环节的技术链条，可进一步分解为一系列的关键技术、成套技术和工艺组合，这些不同尺度的技术成果主要服务于城乡供水设施/系统的规划设计与建设。

"从中央到地方"多维协同管理技术系统，由水质检测、风险评估、标准制定、监测预警、应急救援、安全管理等技术链条或技术板块组成，主要服务于供水企业的运维管理、政府部门的监督管理和多方协调的应急管理。

"从书架到货架"材料设备开发技术系统，包括净水材料、仪器设备及其集成化装备开发的技术链条、产业化模式和工程化应用机制等，主要服务于与供水行业相关的材料设备制造类企业。

本篇将从饮用水安全保障技术体系中选取典型关键技术逐一进行介绍和解读，看看它们是如何攻克水质难题，发挥实际作用，提升供水水质的。

水源生态修复
——绿水青山出好水

生态修复是指对生态系统停止人为干扰，依靠生态系统的自我调节，辅以人工措施，进行逐步恢复。有的生态修复技术需要人工构筑物辅助，如太阳能生态修复技术、河道潭链技术等；有的生态修复技术则利用生物自然净化能力来实现，如人工湿地系统、湖滨带湿地技术等。

为什么要进行水源生态修复？

水源是饮用水安全保障多级链条的头道关。在中国，有些城市的水源受到水质型缺水的长期困扰，而这些城市又没有合适的水库，只能从河流下手，净化河水。目前，一些地下水和河流都面临着污染问题。在这种情况下，嘉兴市开创了水源生态修复先河。非化学的水源生态修复技术既能治理污染，又能保护和修复水源地生态环境，是相对实用、经济的解决方法。

生态湿地

水源生态湿地是什么？

经济

多功能　水质改善应急供水　环保

低碳　稳定

⌄⌄

可持续

水源生态湿地设计的
基本理念和目标

水源生态湿地，又称仿自然人工湿地，即仿照自然湿地的结构和功能，进行人工湿地设计和优化。其基本原理是以人工诱导和自然恢复相结合，构筑人造根孔与自然根孔复合体，运用水力调控措施，促进和提升湿地的水质处理效果。

水源型生态湿地关键技术

水源生态湿地系统技术是在已有研究本底上的优化与创新，以嘉兴平原河网生态型水源地等工程为基础，结合当地实际状况与发挥自主创新而形成。其中的关键技术有三种：人工构筑湿地根孔、植物床－沟壑系统、湿地根孔生态净化区。

【小知识：人工构筑湿地根孔】

以土壤为介质，于湿地构建初期在湿地土壤亚表层埋植植物秸秆，在埋植秸秆的湿地床上种植能形成自然根孔的水生和湿生植物。

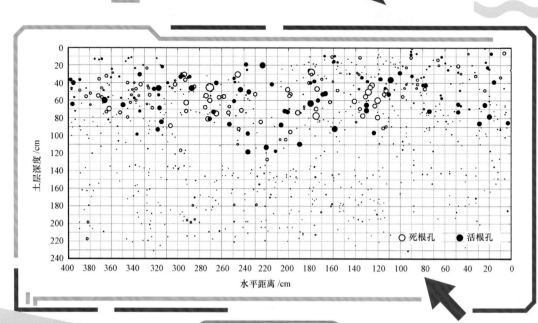

植物根孔的概念模型图

【小知识：植物床－沟壕系统】

通过植物床、高位小沟、低位小沟、大沟、湿地台埂等组成耦合系统，借助介质填埋等辅助措施进行人工强化，通过水力调控措施实现水位波动，充分发挥系统的综合水质净化功能。

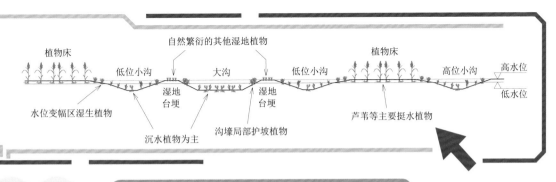

植物床－小沟－大沟－湿地台埂连续体剖面示意图

【小知识：湿地根孔生态净化区】

利用湿地植物、根孔、土壤、微生物等，在湿地水位周期性波动作用下，通过根孔导流和净化、植物吸收、土壤吸附和截留、根际环境交替氧化还原、微生物降解等作用，以及所培育的生物多样性，使水质进一步得到净化。

石臼漾和贯泾港水源湿地案例

石臼漾水源生态湿地是嘉兴市居民饮用的主要水源之一，提升湿地原水水质，对提升嘉兴市饮用水水质有着巨大作用。

近年来，研究开展了石臼漾和贯泾港生态型水质净化湿地系统建设。石臼漾水源湿地处理工程规划总面积 2.59 km²，其中，水源型生态湿地工程面积 1.089 km²。

在石臼漾水厂进水口前建设由 4 个功能区组成的"新塍塘生态型水质净化湿地系统"，对水源地进行大规模的生态修复，创建生态型水源地。

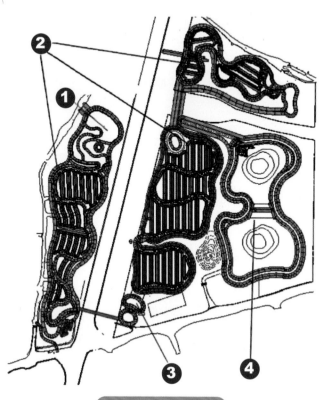

❶ 预处理区

❷ 湿地根孔生态净化区

❸ 水位提升和曝气充氧区

❹ 深度净化区（湖系统）

工程的平面布置图

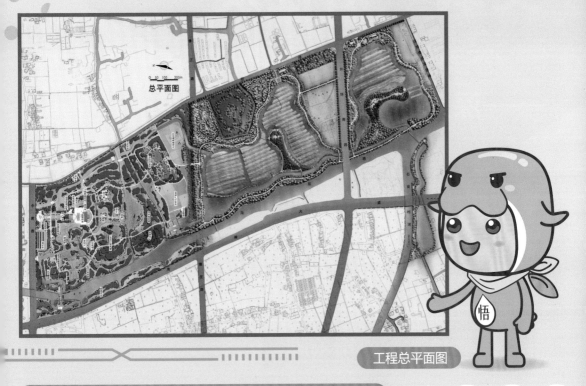

工程总平面图

2019 年 5 月 ~2020 年 5 月水源湿地对关键水质指标去除情况

指标	去除率	指标	去除率
浊度	68.2%	高锰酸盐指数	21.7%
色度	20.9%	总铁	68.1%
氨氮	44.2%	总锰	34.3%
亚硝态氮	49.3%		

　　嘉兴市石臼漾水厂、贯泾港水厂在前端接上湿地预处理后，供水安全性得到显著提高，供水品质有效提升，体现出了三大优势：

　　·水源生态湿地对污染物去除效果较好，出水口水质在近些年中能够稳定保持在 II~III 类，浊度和氮污染物等指标降低明显；

　　·大大减少水厂处理费用，工艺合理和管理运行方便，降低风险系数；

　　·封闭输送管线代替原来开放式输送原水情况，水厂直接在水源生态湿地出水口取水，消除了开放式河道取水的安全隐患。

臭氧－活性炭深度处理技术

——深度处理好帮手

为了进一步提高饮用水质量，越来越多的水厂在传统混凝、沉淀、过滤和消毒的常规处理四步法基础上，新增深度处理工艺。其中，最为常见的就是臭氧－活性炭技术。

臭氧技术的应用范围

臭氧最早作为消毒剂应用于饮用水处理领域，之后作为氧化剂的使用方式也受到重视，应用范围逐步拓宽。

臭氧装置

臭氧技术一般应用于水厂处理工艺中的三个环节：絮凝前（通常称为预臭氧）、砂滤池前、活性炭滤池前（通常称为主臭氧）。作为深度处理技术，臭氧可通过氧化、杀菌、杀毒、除嗅、除味等方式有效改善饮用水水质。

什么是活性炭？

活性炭是一种具有发达孔隙、以炭作骨架结构的黑色固体物质，具有良好的吸附去除水中溶解性有机物的能力。

活性炭滤池

臭氧－活性炭技术工艺流程

臭氧－活性炭技术利用臭氧和活性炭两个工艺单元，通过物理、化学、生物等作用去除污染物，提升水质。

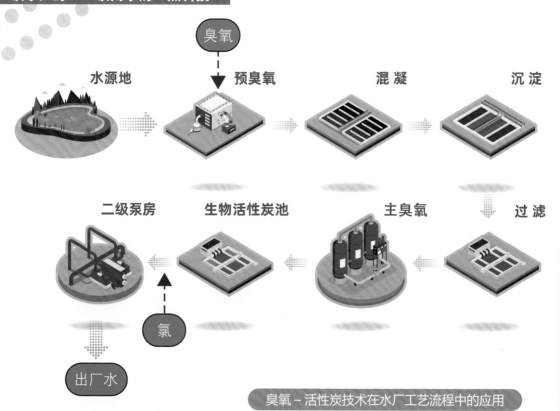

臭氧 – 活性炭技术在水厂工艺流程中的应用

【小知识：臭氧 – 活性炭技术在我国的发展】

　　近年来，臭氧 – 活性炭技术发展较快。2006 年，我国臭氧 – 活性炭工艺水厂规模仅为 800 万 m^3/d 左右。截至 2019 年，臭氧 – 活性炭水厂总数已达到 100 座以上，总制水规模已经达到 5000 万 m^3/d 以上。

　　臭氧和活性炭技术联用除可保持各自的水处理优势外，臭氧还为活性炭提供了更易吸附的小分子物质，并为活性炭表面的生物作用提供溶解氧，将活性炭物理化学吸附、臭氧化学氧化、活性炭生物降解及臭氧灭菌消毒四种技术合为一体，在水处理领域具有明显优势。

注：$m^3/d=$ 立方米 / 天

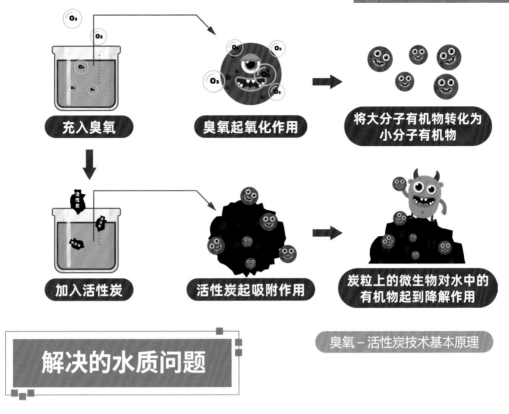

充入臭氧　臭氧起氧化作用　将大分子有机物转化为小分子有机物

加入活性炭　活性炭起吸附作用　炭粒上的微生物对水中的有机物起到降解作用

臭氧－活性炭技术基本原理

解决的水质问题

目前，水厂的常规处理工艺以去除浊度和灭活细菌为主，但难以净化处理多种污染物，这成为了制约饮用水安全的瓶颈问题。臭氧－活性炭处理技术对水中天然大分子有机物、氨氮、氯化消毒副产物、藻类、嗅味等有着很强的去除效果，且具有运行效果稳定、经济适用等特点，在水质净化处理中优势明显。

臭氧－活性炭技术的突破

针对臭氧－活性炭技术的特点，研发了臭氧活性炭次生风险处理技术，进一步提高了臭氧－活性炭技术使用的效率和安全性。

微型动物风险防控技术

采用臭氧－活性炭工艺的水厂，生物活性炭滤池中由于附着大量的微生物，容易滋生肉眼可见的剑水蚤等微型动物，会导致出厂水出现微型动物泄漏的问题，在南方湿热气候下问题更为严重。研究针对这一问题进行了技术改造，利用交替预氧化灭活、高效絮凝沉淀去除、冲击式杀灭等技术，降低了微型动物生物风险，实现了水厂的全流程防控保障，提高了臭氧－活性炭技术的生物安全性。

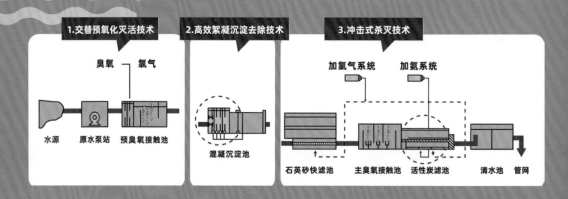

溴酸盐副产物控制技术

对于易受咸潮影响的沿海城市，或受到其他溴离子污染的地区，水源中溴离子含量较高，在臭氧氧化过程中会生成致癌性溴酸盐（BrO_3^-），危害居民健康。针对这个问题，在黄河流域、太湖流域等地区水厂进行技术示范应用，建立了基于加氨的溴酸盐抑制技术、过氧化氢高级氧化控制溴酸盐技术等示范工程，形成溴酸盐副产物控制技术，提高了臭氧－活性炭技术的化学安全性。

项目案例：深圳梅林水厂

深圳市梅林水厂处理规模为 60 万 m^3/d，2005 年 6 月 30 日正式通水。水厂以深圳水库水作为主要水源。原水水质总体上为 II 类水体，水源切换期间或受雷雨天气影响，部分时段为 III 类水体。原水主要存在季节性藻类、嗅味、有机物污染等问题，尤其突出的是水生微型动物问题。高锰酸盐指数浓度在 1.88 mg/L，氨氮浓度在 0.04 mg/L，微型动物主要是红虫和剑水蚤等。

梅林水厂采用"格栅井—预臭氧接触池—絮凝沉淀池—砂滤池—主臭氧接触池—活性炭池—清水池"的后置臭氧生物活性炭工艺流程。

梅林水厂组图

采用臭氧－活性炭技术以后，梅林水厂工艺运行和处理效果稳定。出厂水浊度基本稳定在 0.05 NTU 左右，嗅味物质的浓度降低 80%以上，色度均能稳定在 5 度以下；对高锰酸盐指数的去除率为 11%~67%，对 TOC 的去除可达 37%；菌落总数和总大肠菌群等微生物指标经过加氯消毒工艺完全符合生活饮用水卫生标准。

注：TOC 为总有机碳

饮用水膜技术
——水厂的小秘密

时代发展带动技术创新，为了更好地去除杂质，提升水质，越来越多的自来水厂开始引入"膜技术"，那么到底什么是膜技术呢？

水处理膜技术是指利用膜的物质分离作用，通过大量的微小膜孔将颗粒、胶体和病原微生物等有害物质从原水中截留分离出来，达到良好的固体和液体分离效果。膜作为一个过滤器，就像一张张网一样，可以去除"两虫"、藻类、细菌等生物，能够有效保障饮用水安全。

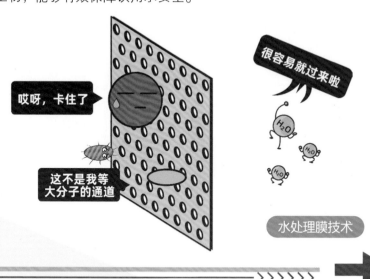

水处理膜技术

【小知识：膜技术的优点】

膜技术能够少投入甚至不投入化学药剂，降低水处理过程中消毒副产物的超标隐患。同时，它占地面积小、便于实现自动化。

膜孔径不同，效果也会不一样哦

　　根据膜孔径大小，一般压力驱动的水处理膜可分为：反渗透（RO）、纳滤（NF）、超滤（UF）和微滤（MF）；孔径越小，能够截留去除的物质和分子越小，过滤出的水越纯净，需要的驱动压力也越大，处理成本也越高。

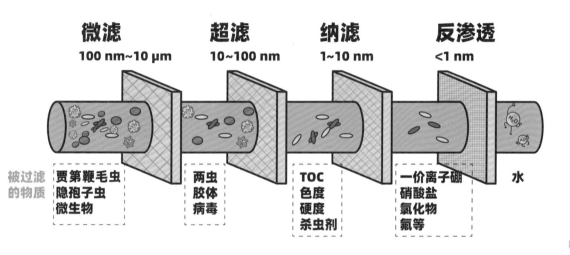

注：nm= 纳米　　　　不同孔径膜的水处理效果图

・超滤膜能截留 0.002~0.1 μm 的大分子物质和蛋白质，在水厂中应用较为普遍。

・纳滤膜能截留纳米级（0.001 μm）的物质，一般用于去除地表水中的小分子有机物，地下水中的硬度、氟化物等。

・反渗透膜的膜孔径最小，能有效截留的有机物最多，多应用于海水及苦咸水的淡化。

[小知识：反渗透膜的优缺点]

既然反渗透膜那么厉害，为什么不都选择反渗透技术呢？

其实，现实生活中并不是所有的物质和分子都是有害的，反渗透膜孔径小，过滤出的水确实最为纯净，但反渗透膜也截留了一些对人体有益的金属元素和矿物质，同时，其工艺耗能也相对较大。

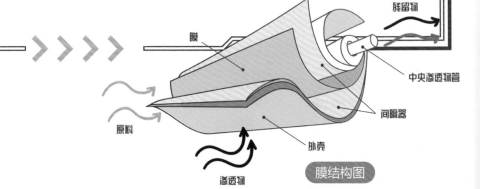

膜结构图

膜技术创新

近年研究主要开发了三项关键技术。

·**超滤膜净水工艺组合技术：**将膜技术同预氧化、混凝、沉淀、过滤、臭氧－活性炭等技术优化组合，实现对有机物、嗅味物质以及藻等特征污染物的高效去除。

·**超滤膜污染控制技术：**通过膜前工艺组合、运行管理优化等方法，有效缓解膜污染，减少运行过程中的能量消耗。

·**PVC/PVDF 超滤膜制造技术：**自主研发超滤膜产品及装备，实现膜装备国产化，大幅降低了膜工艺建设及运行成本。

针对饮用水超滤膜净化体系不完善
超滤设备依赖进口等难题

关键技术1 超滤净化工艺组合技术	关键技术2 超滤膜污染控制技术	关键技术3 超滤膜制造技术
组合工艺选择	膜污染机理	膜材料
工艺参数优化	膜污染识别	膜组件
工艺运行监测	膜污染控制	膜装备

标准规范	工程示范	产业化基地

构建了适于不同水源的超滤深度处理技术体系
实现了膜装备的国产化

技术案例

膜处理三项关键技术

山东省东营市南郊水厂一期工程以超滤膜为核心的"高锰酸钾预氧化＋混凝沉淀＋粉炭吸附＋超滤处理"组合工艺，主要解决冬季低温低浊，夏季高藻、微污染的问题。该工程采用粉末活性炭前处理、超滤膜进水水质控制、超滤膜优化运行的组合技术作为膜污染控制技术，同时强化了水中有机物、消毒副产物前体物、嗅味物质的去除。

东营市南郊水厂一期工程对部分水质指标去除情况

水质指标	去除率
浊度	98.04%~99.20%
COD_{Mn}	40.42%~48.61%
DOC	43.10%~48.41%
UV_{254}	56.18%~66.27%
NH_3-N	40.38%~62.38%
藻类	100%
菌落总数	100%
总大肠菌群	100%

　　东营市南郊水厂二期工程实现了新建大型超滤膜水厂从规划、设计、建设及工艺选择的创新，打破了传统水厂建设的观念，将混凝、沉淀、过滤集成一体，减少了土地使用面积，提升了产水效能，有效应对了低浊高藻及微污染水质变化，改善了口感。水厂出水浊度平均为 0.16 NTU，COD_{Mn} 为 1.86 mg/L，微生物指标也远远低于国家标准限值。水厂工艺整体运行稳定可靠，出水水质符合《生活饮用水卫生标准》（GB 5749—2006）。

注：　COD_{Mn} 为化学需氧量
　　　DOC 为溶解性有机碳
　　　UV_{254} 为在 254 nm 紫外光下的吸光度

随着我国超滤膜产业、膜组合工艺的不断成熟，饮用水厂超滤膜净水工程应用规模日趋壮大。从 2006 年我国大型膜水厂空白，到 2009 年我国第一座大型膜水厂——南郊水厂建成投产，各地膜水厂工程迅速普及。各地形成了针对不同水质问题、不同流域特点、不同处理工艺的饮用水膜处理工程技术体系。膜技术在当地供水水质提升中发挥了重要作用，显著提升了对浊度、微生物和藻类等污染物的去除效果。

东营市南郊水厂超滤膜工艺单元组图

饮用水消毒技术

——和看不见的病菌说再见

在我国法定传染病中，霍乱、伤寒和副伤寒、病毒性肝炎及其他感染性腹泻病可能通过水传播。新的可通过水媒传播的病原微生物风险也不断出现，给消毒工艺带来严峻挑战。因此，饮用水充分消毒对于保障水质安全至关重要。

水中有哪些常见的病原体？

介水传染病指通过饮用或接触受病原体污染的水而传播的疾病。引起介水传染病的原因有：

1. 水源受病原体污染后，未经妥善处理和消毒即供居民饮用；

2. 处理后的饮用水在输配水和贮水过程中重新被病原体污染。

以水为媒介的病原体主要包括：

细菌、原生动物、寄生虫、病毒、真菌五类。

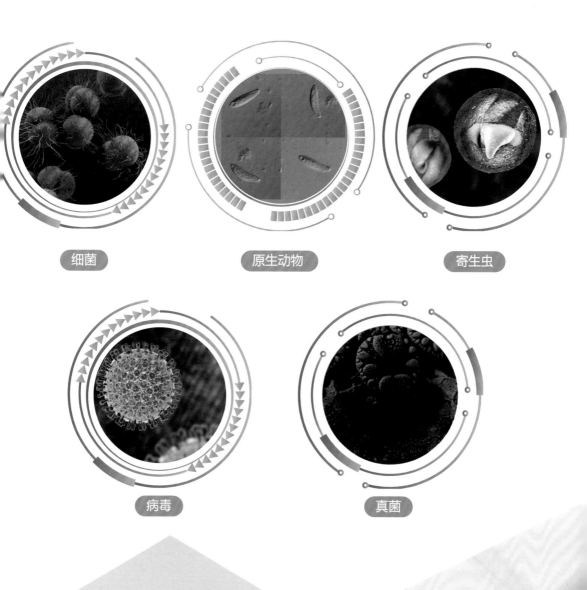

细菌　原生动物　寄生虫

病毒　真菌

饮用水水质标准中的生物控制指标

目前，世界上已经发现了 700 多种介水传播疾病，仅少数国家在饮用水标准中明确规定微生物指标限值。我国《生活饮用水卫生标准》（2021 年征求意见稿）中，对菌落总数、总大肠菌群、大肠埃希氏菌、贾第鞭毛虫、隐孢子虫等都提出了限值要求。经过自来水厂处理的饮用水在达到标准后，不会受到病原体的侵害，居民可以放心饮用。

生活饮用水卫生标准微生物指标限值表

序号	指标	限值
1	总大肠菌群/(MPN/100 mL 或 CFU/100 mL)	不得检出
2	大肠埃希氏菌/(MPN/100 mL 或 CFU/100 mL)	不得检出
3	菌落总数/(MPN/mL 或 CFU/mL)	100
4	贾第鞭毛虫/(个/10 L)	<1
5	隐孢子虫/(个/10 L)	<1
6	肠球菌/(CFU/100 mL 或 MPN/100 mL)	不得检出
7	产气荚膜梭状芽孢杆菌/(CFU/100 mL)	不得检出

饮用水消毒方式有哪些?

为了保障饮用水的微生物学安全性,在饮用水处理过程中针对微生物的消毒处理显得尤为重要。

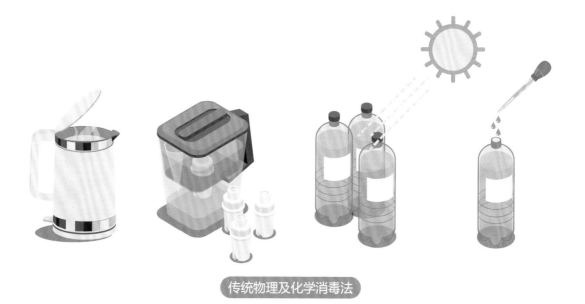

传统物理及化学消毒法

消毒处理方式分为物理消毒法和化学消毒法。

· 物理消毒法一般是采用某种物理效应,如超声波、电场、磁场、辐射、热效应、紫外线照射等作用干扰或破坏微生物的生命过程,以达到消毒的目的。

· 化学消毒法有氯消毒、臭氧消毒、二氧化氯消毒、过氧化氢消毒、过氧乙酸消毒、羟基自由基消毒和其他有机合成物消毒等。

水厂的常用消毒技术有哪些？

在供水系统中，消毒是最后一道处理工艺，是保证用户安全必不可少的措施。在水厂处理中，氯、二氧化氯和紫外线是最主要的消毒方式，有时臭氧也被应用于消毒。

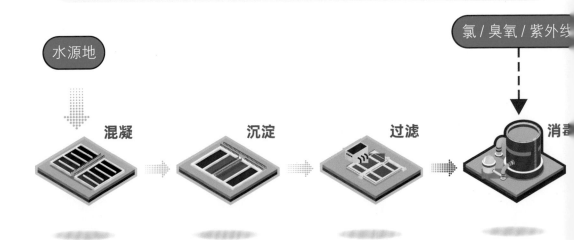

消毒技术在水厂工艺流程中的应用

消毒的原理：一般认为，消毒剂可以与细菌中的酶发生不可逆反应，使细菌的生命活动发生障碍而死亡。

1. 氯消毒：目前市政给水处理最常用的消毒技术，成本低、效果好；

2. 二氧化氯消毒：适用于中小水厂，在欧洲使用较多；

3. 臭氧消毒：消毒过程不产生卤代的消毒副产物，成本较高；

4. 紫外线消毒：可有效杀灭隐孢子虫和贾第鞭毛虫，往往与氯或氯胺联用。

消毒技术总结

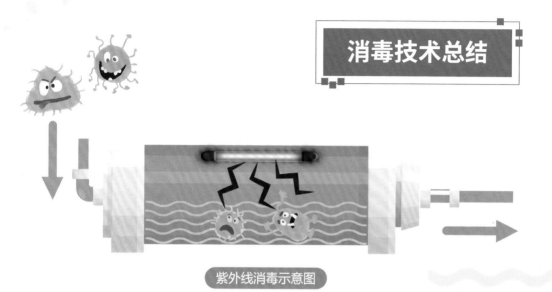

紫外线消毒示意图

1. 没有任何一种单独的消毒方法可以高效灭活所有的致病微生物，多级屏障的水处理策略能够显著提高饮用水水质的微生物安全性。

2. 在保证消毒效果的同时，需要尽可能降低消毒副产物（DBPs）的生成量，增加水的深度处理工艺，以去除消毒副产物的前体物，这是控制消毒副产物的有效手段。

3. 氯、氯胺等化学消毒剂在给水输配管网中会衰减，因此，保障龙头水的消毒剂余量达标非常重要。

4. 把水烧开喝，这不但能确保灭活病原微生物，而且还可以去除水中的消毒副产物。

饮用水管网输配系统

——四通八达的"地下水路交通"

在绪章中我们了解到，达标的出厂水通过供水输配管网到达居民家中。输配管网的全力支撑，使得饮用水免受外界污染，保障水质安全。今天，我们将展现这张看不见的水路地下交通图，看看四通八达的供水管道是如何连接千家万户的。

Hi!

什么是供水管网？

供水管网是供水系统向用户输水和配水的管道系统。从水源地至自来水厂的管渠称为输水管网。自来水厂至用户的管道称为配水管网。配水管网中，主要起输水作用的管道称为干管。自干管分出，起配水作用的管道称为支管。

饮用水是如何从水厂达到居民家中的？

从水厂出发，达标的出厂水通过二级泵站加压，进入城市输配水管网，然后通过支管通往用户家中。

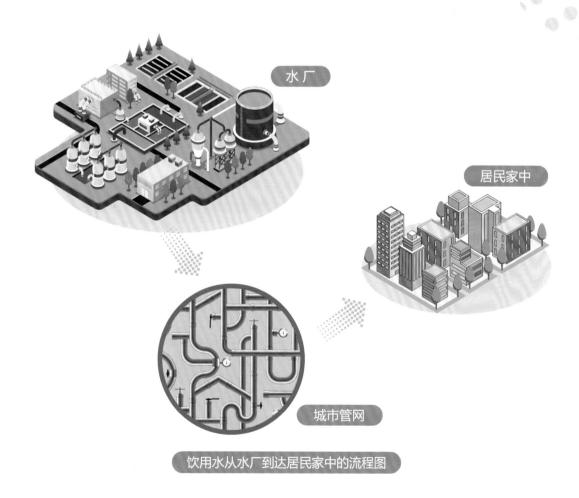

水厂

居民家中

城市管网

饮用水从水厂到达居民家中的流程图

　　然而，市政管网末梢的服务水头一般只有 16~22 m，也就是说自来水只能送入低于六层的用户家中。高层建筑就必须设有二次供水设备，以保障高层建筑用水安全稳定。

【小知识：二次供水】

　　二次供水是指将市政公共供水储存、加压后，通过管道再提供给用户的形式。一般包括低位水箱 + 水泵供水、叠压供水和高位水箱供水等模式。

饮用水输配常见问题及解决方法

应对水龄过长问题

　　水龄是指水在管网中的停留时间。由于供水管网结构庞杂，运行工况时刻变化，饮用水经过连续、漫长的输送管道到达用户终端时，滞留时间可能已经很长了。目前，一些城市通过水龄参数，确定管网系统中需注意的区域，采取二次加氯、管网冲洗或管道改造等措施改善供水水质，以保证龙头水品质。

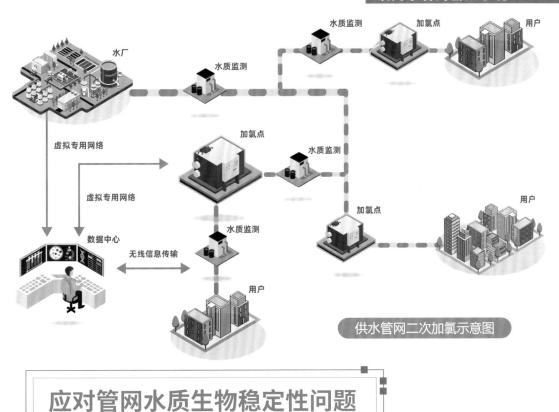

供水管网二次加氯示意图

应对管网水质生物稳定性问题

　　饮用水管网水质生物稳定性是指饮用水管网中有机营养基质支持异养细菌生长的潜力。为解决出厂水在输配过程中的生物稳定性问题，水厂通常通过加氯且保持管网末梢一定的余氯来控制细菌在管网中的生长。同时，利用生物（预）处理、臭氧–生物活性炭等工艺，有效防止管网中细菌的再生。

嘉兴贯泾港水厂深度处理工艺有效去除有机物以保障出厂水生物稳定性

近年发展了哪些供水管网输配新技术？

供水管网分区计量漏损控制技术

供水管网漏损是全球供水行业长期面临的普遍问题。利用供水管网分区计量管理，将整个城市公共供水管网划分成若干个供水区域，进行流量、压力监测，可实现供水管网漏损点位识别，并进行精细化管理。当管网夜间最小流量（NMF）偏高时，可能意味着该区域漏损比较严重，进而由专业人员使用漏损检测设备进行漏点检测。

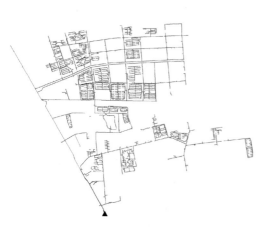

管网分区计量前示意图

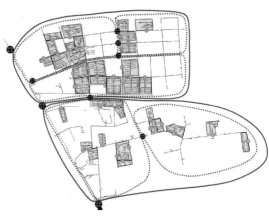

管网分区计量后示意图

2 水力水质模型构建技术

　　供水管网水力水质模型是模拟自来水在管网中运动的计算机模型。通过求解数学物理方程，在计算机系统中模拟水体在管道中的流动，以实现对管网中的流量、压力、流速、水质等参数的模拟。

　　实时管网模型提高了供水管网模型的精度和效率，通过使用传感器提供的在线数据，不断更新管网模型，实现对供水管网的动态模拟，使管网的模拟结果更好地接近实际状态。随着物联网与传感器技术的飞速发展，管网中布置了越来越多的传感器来提供在线监测数据，依托物联网、大数据与人工智能技术构建供水管网精细化管控平台，实现现代化管理。

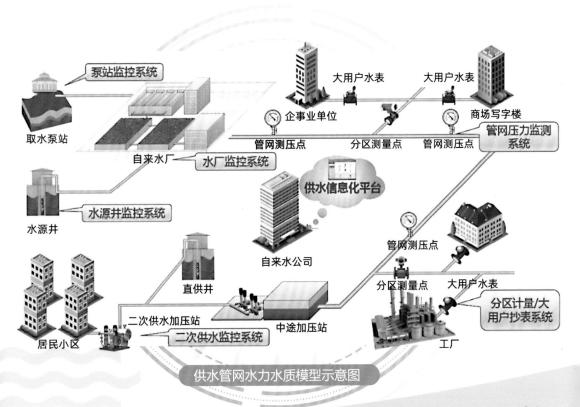

供水管网水力水质模型示意图

3 管网冲洗技术

针对管道长期使用后，管道内壁结垢容易滋生微生物，引起管网浊度、微生物等超标问题，定期对管道进行冲洗对保证卫生安全性具有重要意义。

水脉冲清洗技术和冰浆清管技术及相关设备，对于老旧管网的冲洗具有良好的适应性。与传统方法相比，大幅降低了耗水量，缩短了冲洗时间，冲洗效果普遍优于目前供水行业广泛采用的水冲洗，是消除供水管网二次污染、提升管网水质的有效手段。

冰浆清管特种车

冰浆清管的原理

冰浆既具备液态特性，可以像液体一样在管道中流动，又具备固态特性，能够在管道内壁碰撞摩擦产生较大的摩擦力，从而破坏管道内的沉积物和附着物的稳定性，将其冲出管道。

冰浆清管的流程

隔离管道　　　注入冰浆　　　开启阀门　　　废水排放　　　恢复冲洗　　　完 成

冰浆清管技术优势

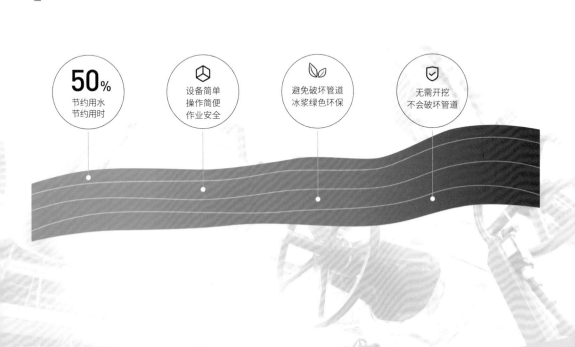

50%
节约用水
节约用时

设备简单
操作简便
作业安全

避免破坏管道
冰浆绿色环保

无需开挖
不会破坏管道

冰浆清管作业案例

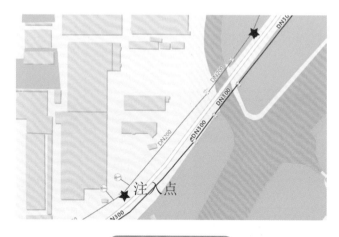

给水管道清洗案例

● 管道简介

　　给水管道建设于2013年，为DN200球墨铸铁管，管段长度为240 m。

● 清洗效果

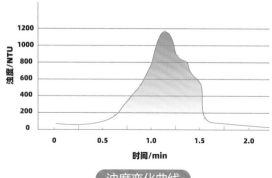

浊度变化曲线

电导率变化曲线

● 清洗水样

● 管道清洗前后对比

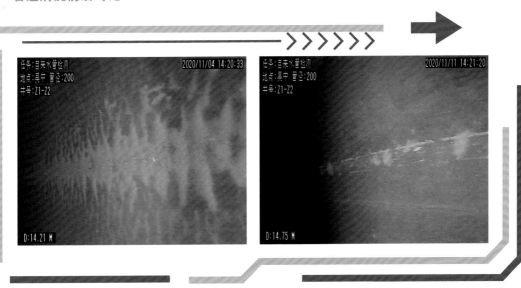

● 清洗报告示例

检测指标	单位	最小值	最大值	平均值
清洗废水温度	℃	-1.85	29.03	20.04
清洗废水流量	m³/h	27.27	68.2	56.26
清洗废水电导率	mS/cm	0.38	43.14	14.77
清洗废水浊度	NTU	15.23	1143.27	463.86
清洗废水固体悬浮物浓度	g/L	0	1.67	0.43
计算指标	单位	计算结果		
冰浆清洗用时	min	12		
冰浆清洗耗水量	m³	9.43		
清洗冲出沉积物的质量	kg	5.86		
单位管长沉积物的质量	kg/km	19.53		
盐分残留率	/	0		

水质监测预警
——城市供水"鹰眼"在身边

通过上一章输配管网技术的介绍，我们知道饮用水在出厂后需要经过市政管网和社区管网才能抵达居民家中，有的还要"跋山涉水"历经地下水池、楼顶水箱的"旅途"。我们的饮用水是否符合国家标准，能够安全放心饮用吗？若突发水质污染，能提前预警预报吗？本章我们就来看看供水全流程监测和预警体系的作用，看看这双城市供水系统的"鹰眼"是如何运作的吧！

什么是水质监测？

通过对水源地、水厂、供水管网等从"源头到龙头"供水体系开展水质监测，来确认水质是否受到污染、是否达到饮用水标准等。为了全过程地监控水质变化，主要监测手段包括：**实验室检测、在线监测和移动监测**。

实验室检测通过高通量、高灵敏检测方法的研发和替代，提高了检测的效率和精准度；研究开发了水体新兴污染物等检测方法，形成了水质检测标准规范。

什么是水质预警？

水质预警是供水安全保障的"瞭望塔"或"前哨站"，它利用统计分析、模型分析等手段对海量的实验室和在线监测数据进行规律性或趋势性分析，从而对未来一段时间的水质变化情况进行"瞭望"，对水质的异常变化提前提出警示信息，为城市供水管理提供有价值的"情报信息"，保障供水安全。

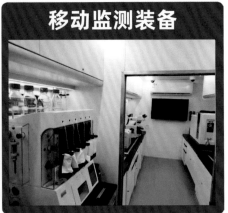

研发形成的监管平台设计、多源异构水质数据采集传输、数据质量保证、数据安全、大数据应用、平台运维管理等平台构建技术体系，可有效解决"信息孤岛"问题，提高供水管理水平。

水质监测与预警技术的新突破有哪些？

1 建立了从"源头到龙头"供水系统全流程标准化监测技术体系，涵盖实验室检测、在线监测和移动监测，填补了在线监测标准的空白，推动了水质监测标准的进步与发展。

2 利用特征污染物物联智控、综合毒性和大数据挖掘分析技术，建立了供水全流程监测预警方法技术体系。

技术应用案例

工程名称：济南市城市供水预警系统

问题与技术需求：济南市供水水源多样、复杂，水质问题突出；在线监测能力薄弱，未能覆盖全市；存在信息条块化、资源不共享等问题。

 实验室
检测数据

 在线
监测数据

 应急移动
监测数据

 供水设施
运行数据

 流域内水文、水质、
水量共享数据

 水质监管平台
水质预警系统

 水质
预警信息

 水质
应急处置程序

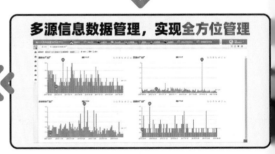

工艺流程：建立了涵盖水源地、水厂、管网、二次供水等的水质在线监测网，初步实现了对供水系统过程的全流程监测，可及时并动态掌握水源的水质状态、输水过程中污染情况、水厂制水及管网输配过程中的水质污染变化状况。

　　运行效果: 该平台可全天候监控城市水系统水质变化情况,并对其进行分析管理,形成日报、周报和月报,同时对异常数据进行预警报警等,实现了对突发性水质事故的提前预警和及时报警。

济南市城市供水预警系统

　　社会效益: 该技术建立了一套完整的水质监测(数据获取)、水质预警(数据应用)、水质信息化管理(平台支撑)的技术链条,显著提升了我国城市供水行业水质监测管理的标准化水平。

　　该技术在山东省、河北省、江苏省等多个省份进行了推广应用,对提高水质监测能力、水质预警能力及信息化水平发挥了重要示范作用。

供水安全监管
——水质安全"警察"伴你行

什么是供水安全监管?

饮用水水质监测网络

　　我国城市供水水质监测网由国家和地方两级城市供水水质监测网络组成。

　　供水安全监管是指行业主管部门为规范和加强供水企业的安全技术管理、提高行业的标准化和规范化水平、保障城镇供水安全而实施的监督检查与控制措施,包括城市供水水质督察、供水安全监管平台等关键环节和主要手段。

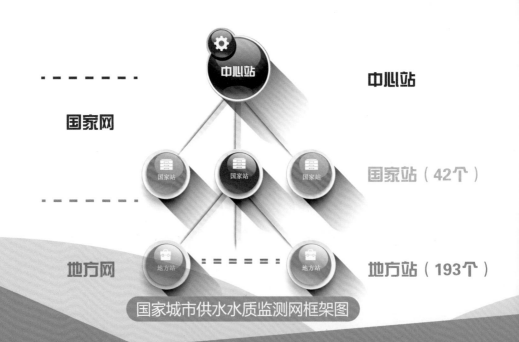

中心站

国家网

地方网

中心站

国家站(42个)

地方站(193个)

国家城市供水水质监测网框架图

102

信息公开

供水主管部门按照国家和地方规定的城市供水水质、水压公示制度，定期向社会公布监测结果。

水质督察

城市供水水质督察是城市供水主管部门加强供水水质监管的重要手段，是由城市供水主管部门组织开展的对供水水质及相关情况的监督检查工作，以便于及时掌握供水水质状况，对水质安全情况做出总体评价，提出保障改进意见，促进供水水质全面提升。

水质督察的范围为城市供水。每三年为一个周期开展水质督察工作，滚动覆盖所有城市和县城，重点查明普遍和突出的水质安全问题。

水质督察的采样点布设会考虑水源—水厂—主干管—分支管—管网末梢—二次供水设施—用户家中等。

针对水质督察结果，城市供水主管部门会采取现场复核、通报约谈、整改效果复查等方式进行跟踪核查。

监管平台

　　在对供水全过程监管系统的实施机制、供水应急救援、供水行业资源信息整合等业务信息化需求进行分析的基础上，充分利用物联网、大数据、云计算、互联网＋等技术，开发了实时监控、监测预警、应急管理、日常监管、专项业务等八大业务子系统，建立了城市供水全过程监管平台。平台可支撑对水质上报、供水规范化评估、水质督察、供水应急救援等监管业务的发起、展开、调整、评估和结束，实现对城市供水的全方位监管。

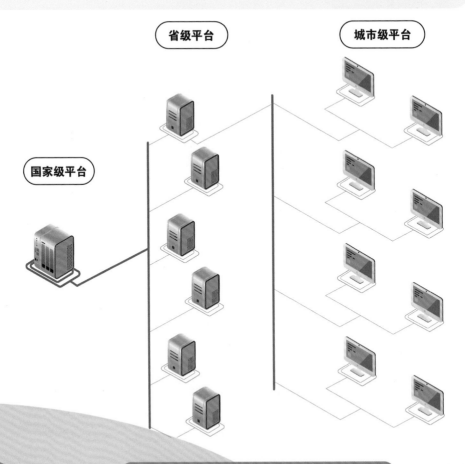

国家、省、市三级城市供水水质监管平台示意图

供水水质督察技术成果推广应用

1. 支撑了水质督察制度的建立与水质督察、供水规范化管理考核工作实施。研究成果"城市供水水质督察技术指南"相关内容，在住房和城乡建设部 2009 年以来开展的全国城市供水水质督察中系统应用，覆盖全国县城以上城镇近 4500 个公共供水厂，涉及用水人口约 4.36 亿。

2. 支撑了重要规划的编制，促进了城市供水行业水质监测机构的能力建设，提高了规划编制的科学性。研究成果"城市供水水质监测机构发展规划"纳入了《全国城镇供水设施改造与建设"十二五"规划及 2020 年远景目标》（建城〔2012〕82 号）。

3. 支撑了应急监测的实施，保障水质数据的准确性。车载 GC-MS 现场快速检测方法及移动监测车应用于四川芦山震后应急水质监测，为水质安全保障与当地供水主管部门科学决策提供了有力的技术支持。

4. 指导城市供水主管部门水质督察工作。研究制定的《济南市城市供排水水质督察管理办法》（济政公字〔2009〕234 号）等已作为地方规范性文件发布实施，成为当地供水主管部门水质督察工作的政策保障。

供水水质督察和抽样检测工作案例

在水厂进行采样、水质检测工作，对样品添加保存剂，保障检测准确性。

现场采样

前期准备

样品运输

根据目的地城市水厂的分布、数量、消毒方式和检测项目，准备采样容器和设备。

为保障检测时效性，采集的样品需当天返回检测地。

对水质进行分析检测，包括配置标准曲线，确定水中各种物质浓度，使用气象色谱－质谱联用仪等设备对水中的有机物进行检测。

确认所有环节，签发检测报告。

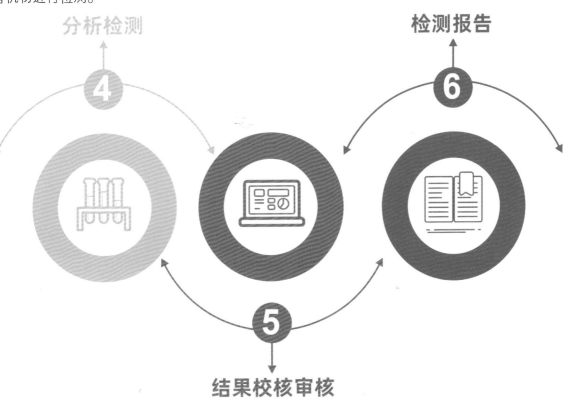

分析检测

④

检测报告

⑥

⑤

结果校核审核

对检测原始记录及报告进行核校把关，确认检测准确性，确保检测过程与结果的客观、准确和科学。

后 记

　　水专项是党中央和国务院针对当时制约我国社会经济发展的重大瓶颈问题,作出的科技先行的重大战略部署。十五年来,水专项"饮用水安全保障技术研究与示范"主题组织包括科研单位、供水企业在内的数百家单位、近万名科技工作者,形成以问题和目标为导向、中央与地方协同、政产学研用协同的科技攻关模式,创新体制机制,创新构建了"从源头到龙头"饮用水安全保障技术体系,有力保障了老百姓饮用水安全,圆满完成了预期目标任务。

　　无数个夜以继日的奋战,丰硕的技术研究成果逐渐转化为饮用水安全保障领域的新技术、新工艺、新政策、新材料、新装备,相关的示范工程广泛应用于祖国的大江南北,我国饮用水安全保障技术水平显著提升,饮用水安全保障能力明显增强,城乡饮用水水质明显提升,水专项为让老百姓喝上放心水做出了重要贡献。对此,参与水专项研究的科研工作者们都倍感欣慰。然而,目前在科普层面还尚未有专门的书籍系统介绍水专项科技成果。做一本通俗易懂的水专项饮用水科普读本成了众多科技工作者的期盼。

　　为此,水专项"饮用水安全保障技术体系综合集成与实施战略"课题组织课题组成员并邀请其他参与水专项饮用水技术研发的科技工作者,尝试创作和编制本书。有别于传统的科普读本,本书从常见水质问题和风险应对入手,让更多人正确理性地认识饮用水在生产、处理、运输过程中存在的风险,普及基本概念和用水常识。在编制过程中,也有专家对这样的做法表示担忧——如此"开诚布公"地讨论水质问题和风险,会不会让居民对我国饮用水的品质产生负面印象? 事实上,风险并不代表问题，它只是一种潜在的可能，但为了应对即使 1% 的可能，饮用水安全保障都会付出 100% 的努力，实现风险有效管控。同时，本书从科学的角度来分析阐述这些风险和问题，让读者能够近距离了解，实事求是的科学精神也是科普创作所追求的价值取向。

本书还重点分享了饮用水安全保障成套技术的相关成果，以"技术＋工程案例"的形式，由浅入深、图文并茂地展现水专项技术成果在实际生活中的应用以及对于水质提升所带来的积极影响，以期引导读者能够正确认识我国饮用水现状，在面对错误说法时，能够科学地辨识和思考。

在将艰深复杂的专业知识转化为易于理解的科普读物过程中，我们深感此项"翻译"工作的不易和艰辛。感谢本书编者们的努力，让本书兼备"专业性"和"艺术性"，融合了"科学性"和"趣味性"。

在此，也要向无数从事水务科普的前辈们致以崇高的敬意，同时也由衷地感到我国水务科普工作的任重道远，希望有更多的水务科技工作者、艺术工作者能够参与进来，携手共进，以更丰富的形式来推动水务科普事业的发展。

林明利

2021 年 8 月